ソヴィエト超兵器の テクノロジー

航空機・防空兵器編

多田 将

イカロス出版

JN060036

カバーイラスト：ヒライユキオ

CONTENTS

■兵器名表記について：本書では初出時のみ兵器名をキリル文字で記し、そのあとに［ ］で一般的なラテン文字表記を添える（例：МиГ-31 [MiG-31]）。また、専門用語についても、可能なかぎりロシア語／キリル文字とラテン文字を併記した（例：「ソヴィエト連邦空軍（Военно-Воздушные Силы、ВВС [VVS]）」）。

第1章
戦闘機の基礎知識

空を制する者は、戦場を制する

　戦場をはるか高みから見下ろし、かつ、陸上／海上兵器よりも桁違いに高速で移動できる航空機は、他とは比べられないほど圧倒的に有利な兵器である。この「空を制する」ということは、戦場そのものを制すると言っても過言ではない。第２次世界大戦や湾岸戦争でアメリカ合衆国が圧勝した原動力も、圧倒的な航空戦力によって勝ち得た制空権である。逆に、同国が朝鮮戦争やヴェトナム戦争で苦戦したのも、完全なる空の制圧を阻止されたことが原因のひとつである。陸軍にとっても、海軍にとっても、最大の天敵である航空機をこの本で取り上げていきたい。

　1941年、大祖国戦争 [※1] 劈頭、ドイツ空軍（ルフトヴァッフェ）はソヴィエト連邦の航空戦力を壊滅させた [※2]。緒戦で赤軍が苦戦したのも、これが大きな原因のひとつである。しかし、ソヴィエトは不屈の精神で航空戦力を復活させ、遂にはドイツを屈服させた。開戦当時世界最強だったドイツ空軍を倒したのち、ソヴィエトの前に立ち塞がったのは、それよりも遥かに強大な合衆国空軍（最初は陸軍航空軍）だった。ソヴィエトは、まったく休む暇もなく、これら強大な敵に立ち向かう航空戦力を築き上げなければならなかった。

　大戦でドイツ空軍は７万機撃墜という戦果を挙げた。これはもちろん、歴史上比肩する者のない圧倒的な戦果である。にもかかわらず、ドイツは負けた。なぜか。ドイツ空軍が７万機撃墜する間に、連合王国が13万機、ソヴィエト連邦が16万機、アメリカ合衆国が32万機の航空機を製造したからである。このように、数の力が露骨に結果に顕われるのも、航空戦力の特徴である。ソヴィエトが、その性能だけでなく、どのようにしてこの数の優勢を保つ努力をしてきたか、についても注視していただきたい。

離陸するSu-35S戦闘機（写真：Ministry of Defence of the Russian Federation）

※1：ソヴィエト連邦（およびロシア）では、第2次世界大戦における東部戦線を大祖国戦争と呼ぶ。本書では、以後この表記を用いる。
※2：開戦後数日間でドイツ空軍は2,000機にも及ぶソヴィエト航空機を破壊したが、その多くは地上にあるうちに破壊された。1941年末までのソヴィエト航空機の損害は実に2万機を超えた。

1-1 航空機用エンジンの予備知識

■「エネルギーを生み出す仕組み」と「前進への転換」

　本シリーズ『戦車・装甲車編』では、戦車の技術が連綿と連なるものであったため大祖国戦争以前のものから採り上げたが、航空機については、"ある革新的な技術"のために同戦争の前と後でまったく別物となっているため、戦後から話を進めることとする。その技術とは「ジェットエンジン」、「レーダー」、「ミサイル」である。本書では、これらの技術について解説していく。まずは「ジェットエンジン」から始めていこう。

　乗り物が前に進むときに、もっとも重要な要素は、「燃料からエネルギーを生み出す仕組み」と、「そのエネルギーをどうやって『前に進む』ことに転換するか」ということである。車で言うと、前者が「燃料を燃焼させることでピストンを押し、クランクシャフトを回転させる」ことであり、後者が「クランクシャフトの回転がギアを介してドライヴシャフトに伝わり、それに連結したタイヤが道路を後ろに押し出す」ことである。レシプロ航空機の場合は、この後者が「プロペラを回転させることで空気を後ろに押し出す」ことにあたる。では、ジェットエンジンは、どのような仕組みなのだろうか。

■ラムジェットエンジン

　まず、エネルギーを生み出すこと（つまり前者）から考えてみる。「より大きなエネルギーを生み出すためには、より多くの燃料を燃焼させるべし」という、実に単純な理屈がある。このとき、燃料を燃焼させるには、それに見合う空気（酸素）を取り込む必要があり、「どれだけの空気を取り込むか」がエンジンの出力を決める。

　レシプロエンジンの場合、発揮できるエネルギーはピストンを往復させるときにシリンダー内に充填する空気の量で決まるので、エンジンの大きさの割にはたいした空気を取り込めない。

　一方で航空機の場合、飛行している状態を考えると、エンジンの空気取入口を前に向けておけば、空気は勝手に入ってきてくれる。ならば、これに燃料を噴きつけて燃焼させるという簡単な方法がある。空気量は速度に比例するので、高速であればあるほど出力が高くなる。これを「ラムジェットエンジン」と言う。

　ジェットエンジンのなかで、もっとも単純な構造だが、効率よく運転するにはマ

ジェットエンジンの仕組み①

「大きなエネルギーを生み出すには、より多くの燃料を燃焼させるべし！」

そのためには、充分な空気を取り込む必要があるが、
レシプロエンジンはシリンダーの容量分しか空気を取り込めない。

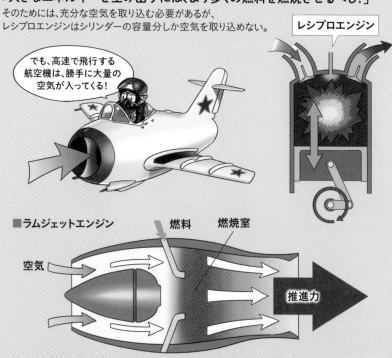

でも、高速で飛行する
航空機は、勝手に大量の
空気が入ってくる！

レシプロエンジン

■ラムジェットエンジン

単純な構造だが、充分な空気を得るには、音速以上の速度が必要。逆を言えば、
超音速では空気の圧力が高まり、単純な構造のほうが適している。そのため、現代
の超音速ミサイルに使用されている。

■ターボジェットエンジン

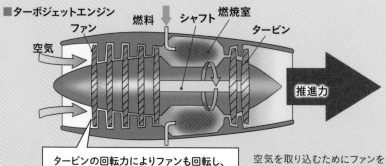

タービンの回転力によりファンも回転し、
空気を取り込む

空気を取り込むためにファンを
追加した。初期のジェット戦闘
機は、このエンジンを使用した。

ッハ3程度での飛行が必要であり、主に超音速ミサイルのエンジンとして用いられている。より厳密には、取り入れた空気を亜音速まで減速し（そのぶん圧縮して）燃焼に使うのが、通常のラムジェットエンジンで、超音速のままで燃焼に使うものは特に「スクラムジェットエンジン」と呼ばれる（スクラムジェットでも圧縮はされている）。

■ターボジェットエンジン

　空気の自然な流入を前提とするラムジェットエンジンには、ひとつ問題がある。航空機がもっとも大きな出力を必要とするのは離陸時であるが、当然ながら離陸は停まっているところからスタートするので、一番空気を必要としているときに、空気がまったく入らないのである。そこで、この空気取入口に、羽根車（ファン）を取り付け、それで積極的にエンジンに空気を取り込んでやる。これなら、速度によらず空気を取り込める。

　もちろん、羽根車を回す動力が必要だが、これは排気口にも羽根車（タービン）を設け、取入口の羽根車とシャフトやギアで繋いでやることで解決する（ただし、始動時のみ外部の動力を用いる）。エンジンの燃焼ガスによって排気口側羽根車が回転すると、その回転力が伝わった取入口側羽根車も回転し、空気を取り入れることができる [※3]。これを「ターボジェットエンジン」と言う。初期のジェット戦闘機は、このターボジェットエンジンを搭載していた。また、燃焼ガスでタービンを回転させる構造から「ガスタービンエンジン」と言う（以下に記述する派生型エンジンも、すべてガスタービンエンジンである）。

■ターボファンエンジン

　さて、これを少し改良して、取入口から入った空気を、すべて燃料の燃焼に使わずに、一部をそのまま排気口から排出するようにしてみる。一見無駄なことをしているようだが、そうではない。ここで「乗りものがどうやって前に進むか」の話になる。ラムジェットやターボジェットでは、燃焼ガスが後ろ向きに排出されることで、機体を前に推進させていたが、それに加えて燃焼していない空気が後ろ向きに排出されても、それは推進力となる。

　言わば、ジェットエンジンに、プロペラ推進の機能を追加したようなものだ。なお、ここで言うプロペラは、前述の羽根車（ファン）でありエンジンカウルのなかに入っている。これを「ターボファンエンジン」と言い、ターボジェットよりも、はるかに燃費がよい。現代の戦闘機は、このターボファンエンジンを搭載している [※4]。

※3：排気口の羽根車（タービン）と、取入口の羽根車は、直接繋がっているわけではなく、ギアを介してシャフトで繋がっている。
※4：バイパス比（燃焼に使わずそのまま排気する空気量と、燃焼に用いる空気量の比）が小さい（そのまま排気する空気量が少ない）とき、「ターボジェットエンジン」と呼ぶ場合がある。

ジェットエンジンの仕組み②

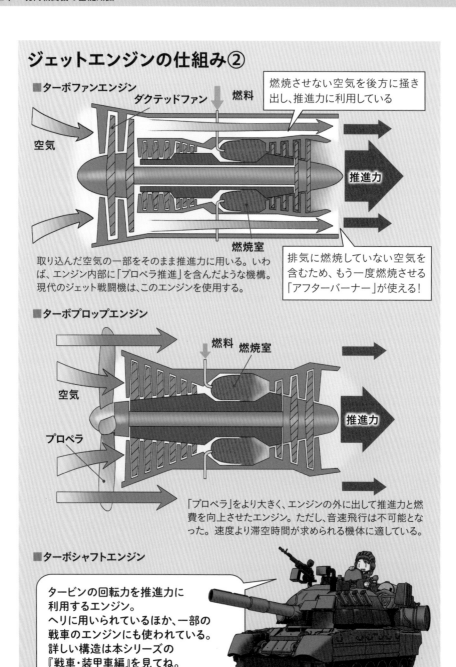

■ターボファンエンジン

ダクテッドファン　燃料

空気

燃焼させない空気を後方に掻き
出し、推進力に利用している

推進力

燃焼室

排気に燃焼していない空気を
含むため、もう一度燃焼させる
「アフターバーナー」が使える！

取り込んだ空気の一部をそのまま推進力に用いる。いわ
ば、エンジン内部に「プロペラ推進」を含んだような機構。
現代のジェット戦闘機は、このエンジンを使用する。

■ターボプロップエンジン

燃料　燃焼室

空気

プロペラ

推進力

「プロペラ」をより大きく、エンジンの外に出して推進力と燃
費を向上させたエンジン。ただし、音速飛行は不可能とな
った。速度より滞空時間が求められる機体に適している。

■ターボシャフトエンジン

タービンの回転力を推進力に
利用するエンジン。
ヘリに用いられているほか、一部の
戦車のエンジンにも使われている。
詳しい構造は本シリーズの
『戦車・装甲車編』を見てね。

このターボファンエンジンは、燃焼していない空気が排出されるので、燃費改善以外にも、排気温度を下げる効果（後述する赤外線探知への対策に有効）があったり、いざというとき「排気にさらに燃料を噴射して、もう一度燃焼を起こして出力を上げ」たりすることもできる（これを「アフターバーナー」と言う）。

なお、ロシア語ではターボジェットとターボファンの区別はなく、どちらも「турбореактивный（ターボ噴射式、ターボジェット）」である［※5］。また、「アフターバーナー（afterburner）」はジェネラル・エレクトリック社の商標で、一般名詞としては「オーグメンター（augmentor）」である。

■ターボプロップエンジン

エンジン内部にプロペラがあって、それが空気を押し出して推進しているなら、「プロペラをエンジンの外に出して大きくすれば、さらにプロペラによる推進力が高まり、燃費が向上するのではないか」と考えた読者はおられるだろうか。

そのアイディアを用いたエンジンが「ターボプロップエンジン」である。現代のプロペラ機はこのエンジンを使っており、見た目は大戦期のレシプロ機のようであっても、実はそうではなく、れっきとしたガスタービンエンジン搭載機である。前述のとおり燃費は向上したが、プロペラのような突起物が外部に飛び出したことで音速飛行は不可能である。そのため、高速である必要はないが、滞空時間を延長したい航空機、たとえば対潜哨戒機などに搭載されている。

■ターボシャフトエンジン

タービンがシャフトを回転させることに注目して、この回転力を利用してエンジン外部の推進器を動かすようにしたものが、「ターボシャフトエンジン」である。推進器とのあいだを繋ぐギアボックスも、エンジンの外にある（したがってターボプロップとは異なる）。

航空機では、ヘリコプターのエンジンとして使われ、ローター（回転翼）を回転させる。艦艇のエンジンの主流もこれで、スクリュー（推進器）を回転させて推力を得る。車輌でも、T-80（ソ／露）やM1（米）など一部の戦車のエンジンに使われている（詳しくは『戦車・装甲車編』を参照）。

これらのガスタービンエンジンの登場によって、第2次世界大戦後の航空機はレシプロ機とは桁違いの出力を手に入れた。

※5：特に区別するときには、ターボジェットを「単流路ターボジェット（одноконтурныйтурбореактивный）」、ターボファンを「二重流路ターボジェット（двухконтурный турбореактивный）」と呼ぶ。「ターボファン（турбовентиляторный）」という言葉もあるにはあるが、特に区別せずにターボファンも「турбореактивный（ターボジェット）」と書かれていることが多いので、注意が必要だ。

1-2 レーダーについての予備知識

■電磁波を利用する

　たとえば真っ暗な場所で、そこに何があるのかを知りたいとき、懐中電灯などの灯りを照らす。ここで起きることは「懐中電灯から出た光が、対象物に反射して、その反射光が探索する人の目に入り、対象物を認識する」というものだ。

　これと同じことを、光の波長を電波の領域に変えて行うのが、レーダーである。レーダーは、航空機の探索の方法の基本となるものである。可視光も、電波も、波長が異なるだけで、どちらも電磁波である（また、後述する赤外線やレーザー、放射線として扱われるX線やγ線も、すべて電磁波）。

　「レーダー（RADAR）」とは、「RAdio Detecting And Ranging（電波による探知と測距）」の略である。航空機のレーダーは、この方法で、対象物が存在するということだけでなく、その距離、速度、方位を正確に調べる。

①距離を知る

　レーダーの語源にもあるとおり、その出発点は「目標が、どの程度の距離にいるのか」を知ることにある。

　距離を知るには、こちらが電波を発した時刻から、対象物に反射してこちらまで返ってきた時刻までの時間を測定し、電波の速度（光速）を掛け算すればよい。これを行うためには、電波は出しっ放しでは駄目で、「発した時刻」と「返ってきた時刻」が正確にわかるように、「一瞬だけ送信して受信、また一瞬だけ送信して受信」を繰り返すことが基本となる。つまり、パルス状に電波を送信する。

②速度を知る

　速度を知るには、ドップラー効果という現象を利用する。これは、電波を送受信する際に「送信者と受信者のあいだの相対速度に比例して、受信波長が変わる」という現象である。これにより、対象物に反射して返ってきた電波の波長の変化量を測定して、対象物の速度を求める。パルス状に電波を発信し、ドップラー効果を利用することから、このようなレーダーは「パルス・ドップラー・レーダー」と呼ばれる。

　戦闘機用としては、相手の速度まで知る必要があるため、初期からパルス・ドップラー・レーダーが使用されている。

レーダーの原理

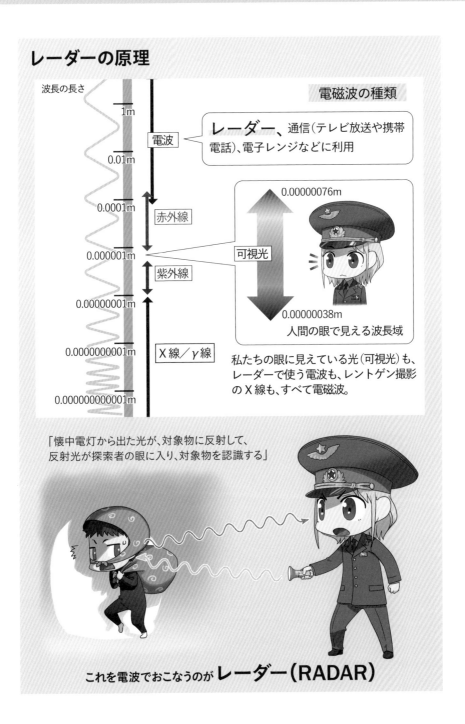

波長の長さ

1m
0.01m
0.0001m
0.000001m
0.00000001m
0.0000000001m
0.000000000001m

電波

赤外線

紫外線

X線／γ線

電磁波の種類

レーダー、通信（テレビ放送や携帯電話）、電子レンジなどに利用

0.00000076m

可視光

0.00000038m

人間の眼で見える波長域

私たちの眼に見えている光（可視光）も、レーダーで使う電波も、レントゲン撮影のX線も、すべて電磁波。

「懐中電灯から出た光が、対象物に反射して、反射光が探索者の眼に入り、対象物を認識する」

これを電波でおこなうのが レーダー（RADAR）

11

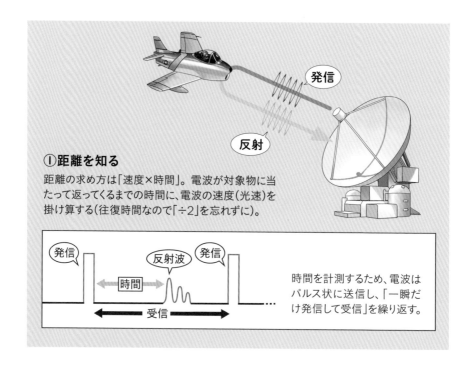

①距離を知る

距離の求め方は「速度×時間」。電波が対象物に当たって返ってくるまでの時間に、電波の速度（光速）を掛け算する（往復時間なので「÷2」を忘れずに）。

時間を計測するため、電波はパルス状に送信し、「一瞬だけ発信して受信」を繰り返す。

③方位を知る

　方位を知るには、どこから反射して来たかを知る必要があるが、そのためには、自分がどの方向に向けて送信したのか、を把握しておく必要がある。全方位に電波を同時送信してしまうと、反射波がどこから返ってきたのかわからない。

　そこで、懐中電灯の例のように、照射範囲（送信範囲）を狭くして「照らす」ようにしなければならない。しかし、それだと照射範囲の敵しか認識できないことになるので、この「懐中電灯」の向きを時間とともに変えて、広い範囲を「走査 (scan)」することになる。どの時間に「懐中電灯」を、どの方向に向けていたかを把握しておけば、対象物の方位がわかる。

　では、走査するためには「懐中電灯」を、絶えず上下左右に振り続ける必要があるのだろうか。実際、かつての航空機用レーダーは、アンテナを上下左右に振って走査していた。機首のレドーム内に、皆さんが衛星放送を観るときに使うような、円盤状のアンテナが入っていて、その向きを物理的に変えていた。しかし、現代ではそれとは違った方式が採られている。以下に詳しく解説していこう。

②速度を知る

ドップラー効果を利用する。ドップラー効果とは「波（音、電波、可視光）」は「近づくときは波長が短くなり、遠くに行くときは波長が長くなる」というもの。たとえば、救急車のサイレン（音）の場合は……。

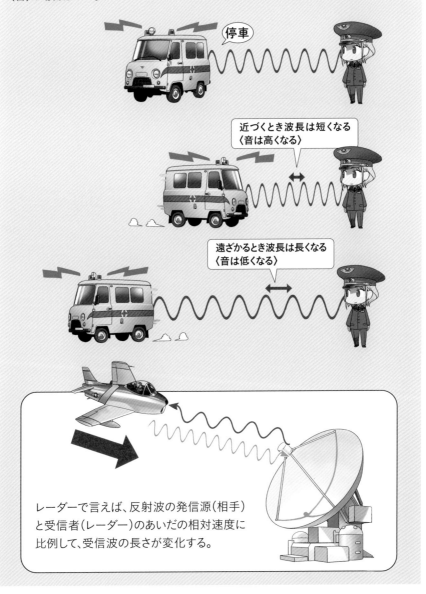

停車

近づくとき波長は短くなる
〈音は高くなる〉

遠ざかるとき波長は長くなる
〈音は低くなる〉

レーダーで言えば、反射波の発信源（相手）と受信者（レーダー）のあいだの相対速度に比例して、受信波の長さが変化する。

③方位を知る

どの方向から反射してきたのかを把握するため、レーダーの照射範囲を狭く「絞って」照らす必要がある。そのため、広い範囲を見るためには、つねにレーダーの向きを変え続けなければならない。

レーダーというと、
グルングルンと回転している
イメージがあるよね

フェイズド・アレイ・レーダー

小さなアンテナを並べた「アレイ」から電波を発信するとき、それぞれのアンテナの発信タイミングをズラすと、「位相」がズレて、「電波を斜めに発信」できたことになる!

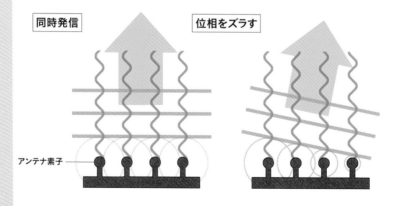

同時発信　　　位相をズラす

アンテナ素子

「位相」とは、繰り返す電波の波形の特定の位置のこと。イラストでは電波の「山」を黄色い線で繋いだ。位相がズレることで、線が斜めになり、つまり斜め向きに発信したことになる。

■フェイズド・アレイ・レーダー

　波（電磁波）は、ある波形の繰り返しになっているが、その波形のなかの特定の位置（たとえば、山の頂点とか谷底とか、山を半分登ったところなど）を「位相（phase）」と呼ぶ。イラストのように、小さなアンテナをたくさん並べたもの（アレイ、array）を用意し、そこから電波を送信するとき、送信のタイミングを少しずつズラしてやると、同じ位相（イラストでは、仮に山の頂点とする）を繋いだ線が斜め方向を向き、つまり「電波を斜めに送信」できたことになる。

　このように、位相のズレを変えていくことで、アンテナを物理的に固定していても、実質的にレーダー送信の向きを変えることができる。これを「フェイズド・アレイ・レーダー（phased array radar）」と呼ぶ。この方法だと、機械的にアンテナを動かすよりも桁違いに早く走査できるうえ、その走査の範囲（角度）も広い。現代の軍用機では、このレーダーが主流であるが、後述するように世界初の戦闘機用フェイズド・アレイ・レーダーを搭載したのは、ソヴィエト機である。

　初期のフェイズド・アレイ・レーダーでは、各アンテナに個別についているのは位相をズラす位相器（phase shifter）だけで、各アンテナから発信する電磁波の位相を単純にズラす役割しかなかった。しかし、現代の航空機用レーダーに用いられているものでは、各アンテナに個別に送受信モジュール（Transmit / Receive Module、TRM）というアクティヴな回路が取り付けられており、各アンテナを半ば独立したレーダーのように機能させることができる。そのため、以前のレーダーにはできなかったような高度な走査もできるようになった。

　たとえば、1つのレーダーのなかの、「ある部分」と「別の部分」が、それぞれ異なる周波数で、異なる目標を探知する――といったように、複数の周波数、複数の目標探知／追尾を同時に行うことも可能だ。これを「アクティヴ電子走査（Active Electronically Scanned Array、AESA）レーダー」と呼ぶ。

■ステルス――レーダーから逃れる技術

　さて、ここまでは探知する側の立場で見てきたが、逆に探知される側の立場から、「見つかりにくい」方法を考えてみる。

　レーダーの原理は、相手から照射された電波が、自分に反射して相手に戻っていくことである。となれば、見つかりにくくするための方法は2つだ。ひとつは「反射した電波が照射した側に戻っていかないようにすること」で、もうひとつは「反射

そのものを抑える」ことである。

　前者について“鏡と懐中電灯”に喩えて考えてみよう。自分が鏡を持っているとき、相手が「照射した電磁波（懐中電灯の光）が戻っていく」というのは、鏡が相手の正面に向いていて、照射側がその鏡で自身の照らした光を見ているということであり、これは「レーダーに探知された状態」と言える。このとき、その鏡を傾けてやると、反射した光は照射側に戻っていかず、異なる方向に飛んでいくので、照射側は自身の照らした光を見ることはできない。つまり、「レーダーで探知できない」。この「電波を正面には返さない」ということが、低被探知性、つまり「ステルス（stealth）」の基本である。

　しかし、航空機は航空機としての機能を果たすための設計や構造にしたがって外形がつくられるため、ある電磁波に対して完全に「鏡のように」することは難しい。また、光は見えなくても鏡を囲む枠などは相手にハッキリ見えてしまう（つまり、光を反射している）わけで、構造上、反射が避けられない部位は存在する。実際の航空機の設計においても、機首や翼端などの端の部分をいかに「見えにくく」するかが、設計者の腕の見せどころとなっている。

　また、「鏡を傾ける」というのは、ある方向から見れば傾いているが、別の方向から見れば正面を向いているわけで、ステルス性を高めた形状でも、ある方向からは「見えにくい」が、別のある方向からは「（比較的）見えやすい」ようになっている。一般に戦闘機では、正面方向から「見えにくい」ようになっている。

　一方、反射そのものを抑える方法は、たとえば可視光であれば黒く塗るように、電波領域では電波吸収材を塗るという手がある。これは「正面から」とか言わずに、全面塗って全方向にステルス性を高めることができる。

　しかし、これはあくまでも補助的な役割である。一部に、勘違いしている人もいるようだが、完全に電波を吸収できる素材などは存在しないので、この方法は「主たる対策」にはなり得ない。もし、これを主たる対策にできるなら、わざわざステルス機を新規開発しなくとも、既存の機体に電波吸収材を塗るだけですんでしまう。

■レーダー反射断面積

　ある物体に電波を照射して、その返ってくる反射波を測定するとき、その物体の「反射しやすさ」を定量的に表わすことが可能だ。この物理量は面積のようなものであるため「レーダー反射断面積（Radar Cross-Section、RCS）」と呼ぶ。この値が小さいものほどステルス性が高いが、前述の鏡の話のように「どの方向から測った

ステルス

ステルス（低被探知性）とは、「電波を反射しない」ことではなく
「電波を正面には返さない」ということ。

のか」によって数値が大きく異なる。また、電波の波長によっても異なることにも
注意する必要がある。

　巷で言われているRCSの値（公式値ではない）としては、正面からの場合、B-52
爆撃機で100㎡、B-2ステルス爆撃機で0.1㎡、F-35ステルス戦闘機で0.005㎡、
F-22ステルス戦闘機で0.0005㎡程度とされている。ちなみに鳥が0.01㎡、蟲が
0.001㎡程度である。

■赤外線の利用

　ところで、わざわざ電磁波を照射してやらなくても、実は、あらゆる物体は、その温度に応じた波長の電磁波を自然に放っている。たとえば太陽ほどの高温になると可視光を中心としたさまざまな電磁波を放出している（だから、我々の目は可視光を感じ取れるように進化したのだ）。同様に常温の物体も、赤外線を中心とした電磁波を放出している。

　本書執筆前に起きたコロナ禍では、読者の皆さんも店舗設置の非接触型温度計で体温を測る経験をされていると思うが、あれは皆さんの身体から放出される赤外線を測定して体温に換算している。『戦車・装甲車編』で登場した戦車も、目標から発せられる赤外線（熱線）を映像化するセンサーを主たる照準器に使っている。

　この方法だと、自分から照射しなくとも、対象物が勝手に放出してくれるので、完全にパッシヴ（受動的）に、つまりこちらが探知していることを悟られずに探知できる。一方で、こちらが積極的に制御できないという欠点や、レーダーに比べて探知可能距離が短いという欠点もある。

　航空機においては、次節で解説する対空ミサイルの誘導にこの赤外線が使われるが、ソヴィエトでは目標の探知の手段としても、レーダーを補完するかたちで赤外線探索追尾システム（InfraRed Search and Track system、IRST）が機体本体に装備されていた。赤外線の利用では積極的だったと言える。それも本書で見ていくことにしよう。

赤外線の利用

あらゆる物体は、その温度に応じた波長の電磁波を放っている。
常温の物体ならば赤外線などを放出している。

ソヴィエトではレーダーを補完するかたち
で赤外線探索追尾システムを戦闘機に備
え、西側より積極的に赤外線を利用した。
ただし、レーダーより探知距離は短い。

コックピットの手前、丸く飛び出た物体が赤外線探索追尾システム（写真：多田将）

1-3 対空ミサイルについての予備知識

■ミサイルを命中させる技術——誘導方式

　戦闘機（および防空システム）の主たる兵器である対空ミサイルの誘導方式についても、簡単に解説しておく。

　弾道弾のように地上の施設（固定の目標）を攻撃するのであれば、その正しい位置座標さえ知っていれば、そこにミサイルを向かわせるのは容易だ。しかし、標的が航空機の場合は高速で移動するため、そう簡単ではない。撃墜する（ミサイルが標的に命中する）最後の瞬間まで、標的を追尾して、その居場所を示す必要がある。

①セミアクティヴ・レーダー・ホーミング（SARH）

　その方法のひとつが、前節の「懐中電灯で照らす」やり方である。移動する標的にあわせて「懐中電灯」の向きを変え、ずっと照らし続けることで、その反射光を頼りにミサイルは標的に向かっていく。「懐中電灯」を持つ（電波を照射する）のが戦闘機（もしくは地上／艦上の誘導装置）である場合、これを「セミアクティヴ・レーダー・ホーミング（Semi-Active Radar Homing、SARH）」と呼ぶ。しかしこの方式では、航空機は標的を照らし続けなければならず、ミサイルが命中するまで別の標的の探知にレーダーを向けられない。

②アクティヴ・レーダー・ホーミング（ARH）

　そこで、ミサイル本体に「懐中電灯」を持たせる方法もある。ミサイル自身が、電波の照射と反射波の追尾の両方を行うわけだ。これを「アクティヴ・レーダー・ホーミング（Active Radar Homing、ARH）」と呼ぶ。こちらはミサイル発射後に航空機は別の任務に取り掛かれるし、ミサイルの数だけの敵とほぼ同時並行で交戦可能だ。航空機の電波誘導式空対空ミサイルは、かつてはSARHが、現在はARHが主流である。

　ただし、ARHはミサイルに搭載できるレーダーの出力が低いために、目標に命中する最後の段階、つまり終末誘導に使われる。標的までの移動途中は慣性航法などを用いる。

③指令誘導

　地対空／艦対空ミサイルの場合には、SARHやARHに加え「指令誘導（command guidance）」という方式もある。これは電波の照射も、反射波の受信（標的の追尾）も、ミサイルの現在位置の把握も、すべて地上／艦上のレーダーや誘導装置側で行い、ミサイ

ミサイルの誘導方式

①セミアクティヴ・レーダー・ホーミング（SARH）

戦闘機(ミサイルの発射母機)がレーダーを照射し、ミサイルはその反射波を追う。

②アクティヴ・レーダー・ホーミング（ARH）

ミサイル自身がレーダーを照射し、反射波を追う。ただしミサイルに搭載できる
レーダーは出力が低いため、目標に接近するまでは慣性航法などを用いる。

③指令誘導

発射母機が、レーダーの照射も反射波の受信も
行い、ミサイルに指示を出して命中させる。

右へ…
ちょっと左へ…

④赤外線ホーミング（IRH）

目標から放出される赤外線を追う。ただし探知距離が短いため短射程に限る。

ルには「右へ行け」や「上に向け」というように動き方だけを指示するものだ。

④赤外線ホーミング（IRH）

　前節で、探知の方法に標的から放出される赤外線をパッシヴに測定する方法があると紹介したが、これを追尾に使う誘導方式もある。つまり、ミサイルが赤外線を放出する物体を追いかけていくという方法だ。これを「赤外線ホーミング（InfraRed Homing、IRH）」と呼ぶ。

　この方法は探知と同じく長射程のミサイルには向かない（レーダーに比べて探知可能距離が短い）が、短射程では極めて有効で、冷戦期には、電波誘導式よりも赤外線誘導式のミサイルで撃墜した戦闘例のほうがはるかに多かった。今でも、戦闘機には両方の誘導方式のミサイルが併用して搭載される。

　また、西側とは違った混載の方法として、後述するように、ソヴィエトでは、ある形式のミサイルについて、誘導部分だけが電波式と赤外線式で異なる2種類のサブタイプが1機の戦闘機に同時に搭載されるのが常であった。この背景には、「同一目標に2種類の誘導方式のミサイルを同時発射することで命中率を向上させる」という、ソヴィエト独自のミサイル運用の思想がある。電波式を中-長距離用、赤外線式を短距離用と、射程で使いわけた西側とは大きく異なる考え方だ。

　以上が第2次世界大戦後の戦闘機に用いられている技術である。たとえば第2次大戦期の戦車が現代の戦車と戦っても、まったく勝負にならず瞬殺されるのは当然であるが、航空機に関しては、これら「ジェットエンジン」、「レーダー」、「ミサイル」技術のおかげで、勝負にならないどころか、同じカテゴリーに入れてはならないほどに"別物"となっている。

ソヴィエト航空部隊の変遷

■空軍から独立した「防空軍」

　かつてドイツと日本を空襲によって屈服させた、世界に並ぶ者のない強大な爆撃機部隊を持つ合衆国航空部隊を迎え撃つために、ソヴィエトには空軍とは別の"防空専門"の独立軍種があった。一般に「防空軍」と呼ばれるものであるが、この組織は時代とともにさまざまな変遷を辿っている。

　赤軍 [※1] の航空部隊は1917年から存在していたが、1946年に赤軍がソヴィエト連邦軍となったとき、あわせて赤軍航空部隊（赤色空軍）は「ソヴィエト連邦空軍（Военно-Воздушные Силы、ВВС [VVS]）」となった。このなかで防空部門の再編が行われ、1954年には「国土防空軍（Войска ПротивоВоздушной Обороны страны、ВПВО [VPVO]）」として独立軍種となった。ちなみに、Войска が「軍」、Противо が「対」、Воздушной が「空」、Обороны が「防衛」、страны が「国」の意味である。

　1979年から1981年にかけてソヴィエト連邦軍の再編が行われた。その過程で国土防空軍も幾つかの組織を空軍に移し、1980年から「防空軍（Войска ПротивоВоздушной Обороны вооружённых сил）」という名称になった。これはロシア連邦時代に入ってもしばらく継承されていたが、1998年に空軍に統合されるかたちで防空軍は廃止された。

■宇宙関連部隊と空軍の統合

　一方、ロシア連邦となった1992年に、戦略任務ロケット軍 [※2] 内の人工衛星の打ち上げ・運用を行う部隊が独立し、「宇宙軍（Военно-Космические Силы）」が創設された。

　宇宙軍は1997年に再び戦略任務ロケット軍に編入されたが、2001年にやはり戦略任務ロケット軍内にあった弾道弾防御部隊とともに「宇宙軍（Космические Войска）」として再び独立した。この組織は、2011年に空軍のなかにあった航空

※1：赤軍は、十月革命後の1918年1月28日に創設され、第1次世界大戦や続くロシア内戦（反革命勢力との内戦）、そして第2次世界大戦を戦った。本文にもあるとおり、1946年に「ソヴィエト連邦軍」に改称される。また、赤軍の正式な創設に先立つ1917年12月6日に、航空部隊である「労働者と農民の赤色航空艦隊（Рабоче-крестьянский Красный воздушный флот）」が創設されている。

※2：地上発射式の戦略核戦力を運用する役割を担う軍（陸海空・防空軍と並ぶ独立した軍種）。2001年からは、「独立兵科」に分類されている。詳しくは拙著『ソヴィエト連邦の超兵器 戦略兵器編』（ホビージャパン刊）参照。

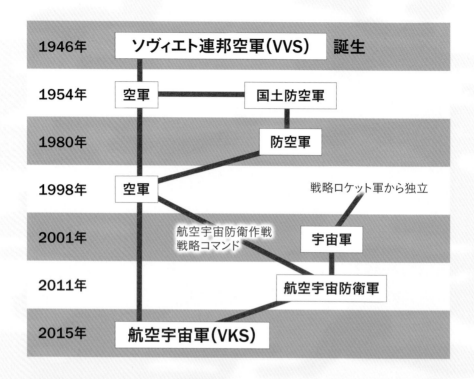

1946年	ソヴィエト連邦空軍(VVS) 誕生	
1954年	空軍	国土防空軍
1980年		防空軍
1998年	空軍	戦略ロケット軍から独立
2001年	航空宇宙防衛作戦戦略コマンド	宇宙軍
2011年		航空宇宙防衛軍
2015年	航空宇宙軍(VKS)	

宇宙防衛作戦戦略コマンド（Оперативно-стратегическое командование воздушно-космической обороны）と統合されて、「航空宇宙防衛軍（Войска Воздушно-Космической Обороны）」となったが、最終的に2015に、同軍と空軍が統合され、現在の「航空宇宙軍（Воздушно-Космические Силы、ВКС[VKS]）」となっている。

■空軍と防空軍の役割と装備の違い

　防空軍は戦略防空（敵の戦略爆撃機などからの本土防空）を担当し、その装備は迎撃機（2-1節）と地対空ミサイル（3-1節）である。空軍は戦術防空や対地攻撃など、他国の空軍と同様の任務を果たし、装備も他国の空軍と同様に戦闘機（2-2節）や攻撃機・爆撃機（第4章）などが、ひととおり揃っている。

　また、航空宇宙軍に組織統合された現在では、防空軍は「対空防衛師団（防空師団）」に、宇宙軍は「対ロケット防衛師団」に、それぞれのかつての姿を留めている。巻末の編成表をあわせて参照していただきたい。

第2章

戦闘機

　冷戦期にソ米の宇宙開発競争が激しかったころ、こんなアネクドート（政治風刺的な小話）が生まれた。

　「米国のNASAは、宇宙飛行士を最初に宇宙に送り込んだとき、無重力状態ではボールペンが書けないことを発見した。これではボールペンを持って行っても役に立たない。NASAの科学者たちはこの問題に立ち向かうべく、10年の歳月と120億ドルの開発費をかけて研究を重ねた。その結果ついに、無重力でも上下逆にしても水のなかでも氷点下でも摂氏300度でも、どんな状況下でもどんな表面にでも書けるボールペンを開発した！

一方、ロシアは鉛筆を使った」

　これは、ソ米の技術開発に対するアプローチの違いを端的に表わす言葉とされている。つまり、無尽蔵の資金を使い最高の技術で解決する米国と、発想の転換によって単純な方法で解決策を見つけるソヴィエト連邦というわけだ。

　もちろんソヴィエト連邦は、弾道弾の開発など必要な場合には、米国をも凌ぐ高度な技術を駆使して、我々西側の人間の常識をはるかに超越した、文字通りの「超兵器」を次々に生み出してもいた。一方、そういった高度な技術が必ずしも求められていないと判断したときには、できるだけ単純な解決方法を見つけもしたのだ。本書では、その高度な技術だけでなく、上のアネクドートで語られるような、堅実で現実的な技術を使った「ロシアの鉛筆」についても、ぜひ注目してお読みいただきたい。

MiG-21戦闘機（写真：多田将）

2-1 迎撃機

■ 「防空システムの一部」としての戦闘機

ソヴィエト連邦では、防空軍が迎撃に用いる戦闘機に、初期のころは空軍で使っている戦闘機の派生型をあてていたが、のちに専用に開発されるようになった。本節では、防空軍専用の戦闘機である「迎撃機」について、その系譜を見ていくことにする。なお、防空軍と空軍とで共用する戦闘機には、防空軍仕様には「Перехватчик（迎撃機）」の「П [P]」、空軍仕様には「Серийный（連続生産機）」の「С [S]」がつく場合が多い（たとえば、Su-27PとSu-27S）。

まず、ソヴィエト迎撃機に共通する、いくつかの特徴についてまとめて述べる。防空軍においては、迎撃機も第3章で扱う地対空ミサイルと一体となった「防空システムの一部」である。対空ミサイルを地上の発射機から発射するか、空中の発射

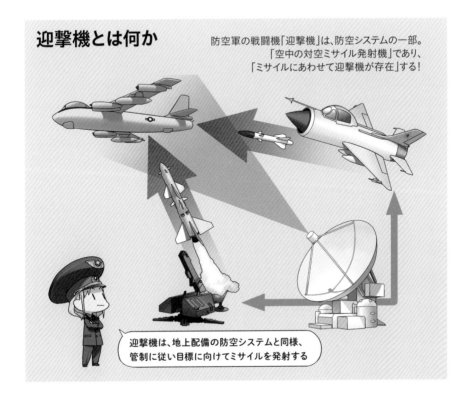

迎撃機とは何か

防空軍の戦闘機「迎撃機」は、防空システムの一部。
「空中の対空ミサイル発射機」であり、
「ミサイルにあわせて迎撃機が存在」する！

迎撃機は、地上配備の防空システムと同様、
管制に従い目標に向けてミサイルを発射する

機（迎撃機）から発射するか、の違いに過ぎない。したがって"言い過ぎ"なくらいに言ってしまうと、「まず空対空ミサイルがあり、それにあわせて発射機としての迎撃機が存在する」のである。そのため、冷戦期は空対空ミサイルと迎撃機が一対一の対応関係にあることが多かった（60ページ参照）。この点で、汎用性のある空対空ミサイル（AIM-7「スパロー」やAIM-9「サイドワインダー」）を、あらゆる戦闘機に搭載した米国とは対照的である。そこで本節では、迎撃機だけでなく空対空ミサイルの系譜図もあわせて掲載する。

　この思想のもとに構築された防空軍の防空システムにおいては、司令部が地上のレーダー基地や早期警戒機などから索敵情報をもとに迎撃すべき目標を定め、それに向かって迎撃を発進させ、目標まで誘導し、空対空ミサイルの発射を指示する。迎撃機のパイロットに与えられる権限は西側よりずっと少なく、パイロットはあくまでも「ミサイルの射撃手」であるという考え方だ。この方法は、パイロットの技量に頼る部分が少ないため、それに依らず防空システムの質を一定に保つことができるという点で合理的な方式だ。実際に、このシステムを導入した北ヴェトナム空軍は、ヴェトナム戦争において世界最強の合衆国空軍を迎え撃つことができたのである。

■迎撃機に求められる能力

　防空軍が受け持つのは戦略防空であり、国土に侵入してきた爆撃機を迎え撃つのが主たる任務である。となると、迎撃機に求められるのは、出撃命令が出たあと、速やかに迎撃位置まで飛行し、指示された目標に対して確実にミサイルを発射することであり、格闘戦を有利に戦う空力性能より、可能な限り早く目標に達することができる高速性能が重視された。

　また、外征ではなく国土防空であり、世界一広い国土において速やかな迎撃が要求されることから、基地を広く分散させる方針が採られ、結果として個々の迎撃機に航続距離はそれほど求められなかった。

　以上のことを頭に入れたうえで、個別の機体について見ていく。

■初期の迎撃機 Su-9 ／ Su-11 ／ Su-15

　1950年代、航空機の空力性能を研究する中央流体力学研究所（Центральный АэроГидродинамический Институт、ЦАГИ）が、マッハ2級の超音速戦闘機の空力ディザインを示した。この機体は、単発エンジンをそのまま前に延ばしたような円筒形の胴体に、ショックコーンつきの機首から空気を取り入れる形状で、主翼

にはデルタ翼と後退角の大きな後退翼の2種類の案があり、どちらも後退角の大きな水平尾翼と1枚の垂直尾翼を備えていた。このディザインに基づき、スホーイ設計局（第51試作設計局、OKB-51）とミグ設計局（第155試作設計局、OKB-155）に、それぞれデルタ翼と後退翼、2機種ずつの開発が命じられた。

　ミグ設計局によるデルタ翼の機体はMiG-21となった（同機については次節にて紹介）。一方で、スホーイ設計局では、後退翼の機体がSu-7となり（同機については第4章で紹介）、デルタ翼の機体は「Су-9［Su-9］」となった。Su-7とSu-9は、主翼形状以外はほとんど同じ形をしているが、Su-7は攻撃機となり、Su-9はソヴィエト迎撃機の祖となった。

◇Su-9

　Su-9は、米国の同様の役割の戦闘機であるF-102（1956年配備開始）に比べ、機体は小さく主翼面積も少ないが、エンジン出力は大きく、そのために最高速度はF-102の1.7倍もあった。その力の源は、第165工場（現：サトゥルン社 ［※1］）で

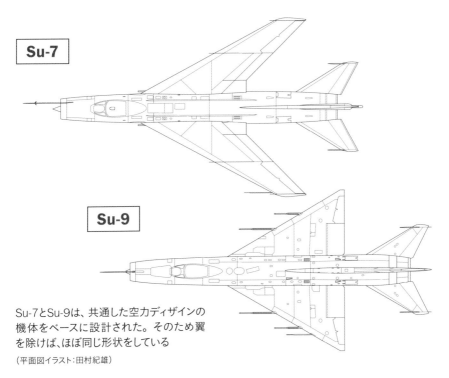

Su-7

Su-9

Su-7とSu-9は、共通した空力ディザインの機体をベースに設計された。そのため翼を除けば、ほぼ同じ形状をしている

（平面図イラスト：田村紀雄）

※1：「サトゥルン（Сатурн）」とは土星の意味。

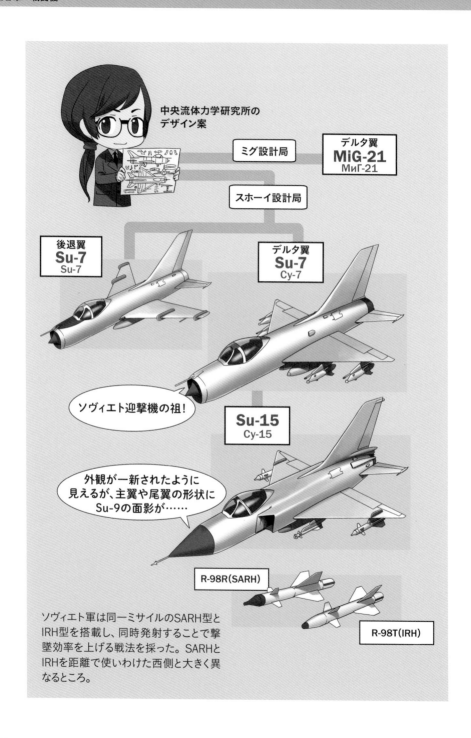

中央流体力学研究所の
デザイン案

ミグ設計局

デルタ翼
MiG-21
МиГ-21

スホーイ設計局

後退翼
Su-7
Su-7

デルタ翼
Su-7
Cy-7

ソヴィエト迎撃機の祖！

Su-15
Cy-15

外観が一新されたように
見えるが、主翼や尾翼の形状に
Su-9の面影が……

R-98R(SARH)

R-98T(IRH)

ソヴィエト軍は同一ミサイルのSARH型と
IRH型を搭載し、同時発射することで撃
墜効率を上げる戦法を採った。SARHと
IRHを距離で使いわけた西側と大きく異
なるところ。

製造された「АЛ-7Ф［*AL-7F*］」ターボジェットエンジンである。この「AL-〇〇」という形式記号は、設計者アルヒプ＝ミハイラヴィチ＝リューリカのイニシャルを冠したもので、スホーイとサトゥルン製ALエンジンのタッグは、この後ずっと、現代にいたるまで数多くの名機を生み出していく。なお、AL-7Fは爆撃機用に開発されたAL-7にアフターバーナーを追加したものだ。

　前述した通り、迎撃機であるSu-9は「対空ミサイルの空中発射機」であるから、機関砲は持たず、対空ミサイル「РС-2УС［*RS-2US*］」と「Р-55［*R-55*］」を搭載する。RS-2USとR-55は基本的に同じ空対空ミサイルで、誘導方式だけが異なる。RS-2USがSARH型で、R-55がIRH型である。前述したように、以後のソヴィエト迎撃機は、同じ系列の対空ミサイルのSARH型とIRH型を同時に搭載し、ひとつの目標に同時発射することで、撃墜確率を上げる戦法を採っている。なお、レーダーはショックコーンのなかに収められている。

　このSu-9に新型のレーダーを搭載し、「Р-8МР［*R-8MR*］」（SARH）と「Р-8МТ［*R-8MT*］」（IRH）[※2]の両ミサイルを運用できるように改良したものが「Cy-11［*Su-11*］」だが、大量生産はされなかった。

◇Su-15

　そのSu-11に代わって大量に生産され、防空軍の主力として長く冷戦期を通して君臨したのが「Cy-15［*Su-15*］」である。エンジンは双発となり、空気取入口が機体側面に移動したことで、機首はすっきりとした形状となった。そのため、より大型のレーダーを搭載できた。一方で、主翼と尾翼の形状を比較すると、この機体がSu-9からの正統進化だということがわかる。

　搭載するミサイルは、「Р-98Р［*R-98R*］」（SARH）と「Р-98Т［*R-98T*］」（IRH）の組み合わせとなった。このSu-15は、1983年9月1日に大韓航空の旅客機を撃墜したことで、「悪役」として一気に有名となっている[※3]。

※2:ミサイル形式番号末尾の「Р［*R*］」は電波（Радио）、「Т［*T*］」は熱（Тепло）を意味する。
※3:ニューヨークのジョン・F・ケネディ国際空港発、アンカレジ経由、金浦国際空港行きの大韓航空007便がソ連軍機によって撃墜された事件。乗員乗客269名全員が死亡した。同機はアンカレジを離陸後、本来の航路を外れてソヴィエト領空を飛行していた。

■超音速機 XB-70 を迎え撃つための迎撃機 MiG-25

　スホーイと並ぶ、ソヴィエト戦闘機開発のもうひとつの雄、ミグ設計局でも迎撃機は開発された。それが「МиГ-25［MiG-25］」だ。

　ソヴィエトの迎撃機は、合衆国空軍の爆撃機を迎え撃つのが、その主たる任務だと言ったが、この MiG-25 はそのなかでも XB-70「ヴァルキリー」を撃墜すること"だけ"を目的として作られた、実に「漢らしい」迎撃機なのだ（より正確には、B-58「ハスラー」も迎撃対象に含まれる）。XB-70 は、20,000m を超える高度を、マッハ 3 で駆け抜ける超音速爆撃機で、登場当時の 1960 年代には撃墜不可能としか思えない超兵器だった。その超音速機を追尾し、撃墜できる迎撃機を開発したところに、ソヴィエト連邦の底力を思い知らされる。

　MiG-25 は登場当時、平面箱型のエアインテイク、巨大なエンジン、双垂直尾翼などの先進的スタイルから、西側では恐るべき戦闘機だと思われていた。もちろん「恐るべき戦闘機」であること自体は間違っていない。しかし、西側があくまでも"西側基準"で「恐るべき戦闘機」と考えていたのが間違いのもとだった。1976 年、

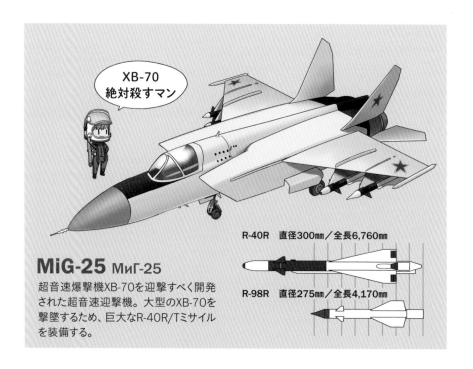

XB-70
絶対殺すマン

R-40R　直径300mm／全長6,760mm

R-98R　直径275mm／全長4,170mm

MiG-25 МиГ-25

超音速爆撃機 XB-70 を迎撃すべく開発された超音速迎撃機。大型の XB-70 を撃墜するため、巨大な R-40R/T ミサイルを装備する。

防空軍のパイロットであるヴィクトル＝イヴァナヴィチ＝ビリェンコ上級中尉が、MiG-25に乗って日本の函館に亡命してきた（いわゆる「ベレンコ中尉亡命事件」）。機体は米本土に送られ詳しく調査されたが、その結果、西側で考えられていたものとはずいぶん違うことが判明した。

　実態が判明すると、一転して批判的な論調が増え、「機体材質に鋼を多く使っている（マッハ3の超音速飛行で生じる高熱に耐えるためチタン合金製だと予想されていた）」、「レーダーなどの電子部品に時代遅れの真空管を使っている」、「エンジンは圧縮比の低いターボジェットエンジンであるため、燃費が悪く航続距離が短い」、「運動性が悪く格闘戦に向かない」など、過大評価していたことの反動で一気に「ボロ戦闘機」の烙印を押した評価も多かった。

◇的外れな批判

　しかし、これらの批判は開発当時の技術的背景や運用思想を理解しない、的外れなものだった。

　同機が機体材質に鋼を用いたのは、マッハ3の領域では機体に伝わる圧縮熱が大きく、一般的に航空機に使用されているアルミニウム合金では耐熱性に問題がある一方で、当時の工業力ではチタン合金を大量に使うことは難しかったからだ（XB-70も機体にはステンレス鋼を使っていた）。また、真空管については、当時の半導体素子では搭載された大出力レーダー「РП-25［RP-25］」の回路を構成するのが困難なうえ、半導体素子は放射線に弱いため核戦争下では真空管のほうが有利であった。圧縮比が低いエンジンも、マッハ3の領域で最適になるように設計されたもので（高い圧縮率だと、高速では圧縮過多になる）、低速で効率が悪いことには目を瞑ったものだ。そもそも、ソヴィエトにおける迎撃機の運用方法からは、長い航続距離や運動性などは求められてもいなかった。

　MiG-25は「マッハ3で飛来する爆撃機を迎撃する」という困難な目的を達成するために、当時確立されていた技術を着実に用いて開発された、見事な迎撃機だった。これこそまさに「ロシアの鉛筆」そのものだった。

◇R-40R/Tミサイル

　MiG-25の外観上の特徴は、当時としては先進的な機体形状もさることながら、主翼下に搭載した巨大な「Р-40Р／Т［R-40R/T］」ミサイルでもあった。左ページのイラストでその形を見ると、R-98からの正常進化であることがわかる。問題はそ

の大きさで、全長はR型で7m近く、翼幅で1.5mもあった。これはXB-70を確実に撃墜できるだけの威力の大きな弾頭と、空気の薄い高空で機動を行うための大きな翼が必要とされたためだ。また、赤外線誘導式ミサイルを誘導するため、本機（PD型以降 [※4]）からIRST（赤外線探索追尾システム、18ページ参照）が装備された。

　残念ながら、本来MiG-25が迎え撃つべきXB-70は、「X」の文字が示す通り、試験機で終わり、実戦配備されなかった。しかし、MiG-25は1,000機以上も量産され、祖国を守り続けた。1990〜91年の湾岸戦争では、米国とイラクの撃墜スコアは「33対1」という一方的なものだったが、この唯一の米軍機（F-18）撃墜を記録したイラク軍機は、同国に輸出されたMiG-25だった。

■低空侵攻するB-1爆撃機を迎撃 MiG-31

　XB-70が実戦配備されなかったのは、60年代ごろから核戦力の主力が弾道弾に移ったからである。しかし、爆撃機の運用の幅の広さは弾道弾では到底カヴァーできないもので、あらゆる戦場で爆撃を重視する合衆国空軍には爆撃機が必要不可欠であり、引き続き新型の爆撃機が開発されることとなった。新型爆撃機B-1「ランサー」は、「70」（XB-70）まで進んだ番号 [※5] を「1」に戻したことが象徴しているように、迎撃を避けて高空から爆撃する伝統的な戦法を捨て、低空で侵攻するという新たな戦法に基づく機体となった。たとえマッハ3のような超音速で侵攻しようとも、それを撃墜できる防空システムをソヴィエトが構築してしまったからだ。

　一方で、低空で侵攻するとなると、地球は丸く地平線があるため地上のレーダーでは早期発見がしにくく、前述の防空システムでは迎撃が困難となる。低空侵攻機を迎撃するには、まずレーダーを空中に置く、つまり早期警戒管制機からの探知・管制が必要となり、また迎撃機は単なる「射撃手」ではなく、自ら積極的に索敵して迎撃する、より柔軟な機能が求められる。飛行性能も、指示された位置まで最速で向かうという従来の考え方を改め、広範囲を索敵するための長距離巡航性能と、いざというときの高速性能の両方が求められた。このような迎撃機を開発するにあたって、ソヴィエト連邦はまったくの白紙から設計するのではなく、既存のMiG-25を改良する道を選んだ。こうして完成したのが「МиГ-31 [MiG-31]」だ。

　エンジンは燃費のよいターボファンエンジンに換装され、航続距離が大幅に延びた（ただし、最高速度はMiG-25と同等である）。また、このころには潜水艦すらチタン合金で建造できるほどのチタン工業大国となっていたソヴィエトだけに、機体にはチタン合金が多く使われている。

※4：PD型は、初期生産型であるP型を改良したモデル。また既存のP型をPD型仕様に改修した機体はPDS型と呼ばれる。
※5：より正確には、XB-70の偵察爆撃機型RS-70に連なる番号として、高高度戦略偵察機にSR-「71」の番号が与えられている。

MiG-31
МиГ-31

世界初の戦闘機用フェイズ
ド・アレイ・レーダーを搭載
し、同時に4目標へミサイル
を誘導できる。

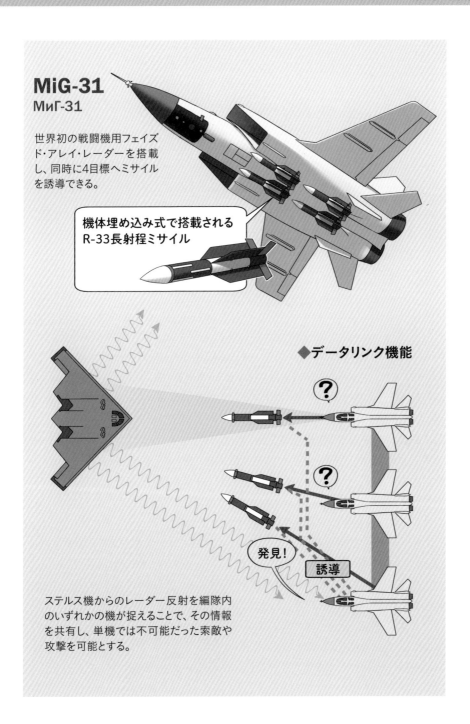

機体埋め込み式で搭載される
R-33長射程ミサイル

◆データリンク機能

?

?

発見！

誘導

ステルス機からのレーダー反射を編隊内
のいずれかの機が捉えることで、その情報
を共有し、単機では不可能だった索敵や
攻撃を可能とする。

世界で初めてフェイズド・アレイ・レーダーを搭載した戦闘機、MiG-31 (写真：Ministry of Defence of the Russian Federation)

◇世界初の戦闘機用フェイズド・アレイ・レーダー

　レーダーには、世界初の戦闘機用フェイズド・アレイ・レーダー「РП-31 ［RP-31］」が搭載された。このレーダーは、10個の目標を同時に追跡し、うち4個の目標に同時に対空ミサイルを誘導できる（改良型では24目標同時追尾・8目標同時誘導だが、MiG-31に搭載される電波誘導式ミサイルは4 ～ 6発）。そして重要なのは、高い位置から地面を背景に低空を飛行する目標を探知（ルック・ダウン）・攻撃（シュート・ダウン）できることだ。地面は電波を乱反射しまくるので、それを背景として飛行する敵機を識別して探知・攻撃するのは、なかなかに高度な技術だ。しかし、低空進入する敵機と交戦するには必要不可欠な機能である。

　そのレーダーで誘導される対空ミサイルが「Р-33 ［R-33］」である。機能や形状、機体に半埋め込み式で搭載される形態など、合衆国海軍のF-14が搭載するAIM-54「フェニックス」にそっくりである。著者が子供のころは「イラン革命後にイランからソヴィエトに渡ったAIM-54から開発されたものだ」などという、いい加減な言説まで日本では見られたが、イラン革命は1978年であり、R-33の飛行試験はその5年前、1973年から始まっている。仮にパクったとしても、イラン革命より以前のスパイ活動などによるものであろう。このR-33をARH化し、射程も延ばしたものが「Р-37 ［R-37］」である。R-37だとMiG-31に6発搭載できる。

◇データリンク機能

　MiG-31で、もうひとつ特徴的な点はデータリンクである。ソヴィエトの迎撃機は、地上の司令部から誘導することから、もともとMiG-25でも司令部とのデータリンクの機能は高かったが、MiG-31ではそれが機体間で行えるようになった。これの何が強みなのか。一例を挙げる。

　たとえば、距離を開けて横に並ぶ編隊を考える。ある1機が敵のステルス機にレーダーを照射しても、その機体自身に帰ってくる電波は極めて弱い。しかし、1-2節で述べたように、ステルスの基本は電波を消し去ることではなく、正面ではない方向に反射させることなので、その反射波が編隊のなかのいずれかの機に受信される可能性が高い。そこで、この編隊の機体間にデータリンクが確立されていれば、単機では探知できなかったステルス機が探知できることとなり、交戦が可能となるのだ。

　こういった複雑な兵器システムを運用するため、MiG-31は複座となり、前部座席に操縦士、後部座席に「航法操作員（штурман-оператор）」が着座する。なお、「航法操作員」とはロシア語の直訳だが、任務は兵器の運用であり、航法を担当するわけではない。

■優れた空力性能を備えた万能戦闘機 Su-27

　1960年代後半、新世代戦闘機開発の計画が立ち上がり、スホーイ、ミグ、ヤコヴレフの3設計局が参入したが、1972年には設計局の代表者たちが出席した評議会が開かれ、大型の迎撃機をスホーイが、小型の戦術戦闘機をミグが、それぞれ開発することとなり、ヤコヴレフは脱落してしまう。

　開発は2つの設計局に分かれたものの、これら戦闘機の基本的な空力ディザインは、やはり中央流体力学研究所から提供されたものであったため、中央胴体を挟むように2つのエンジンを離して配置し、機首まで滑らかに繋がった主翼の前縁延長部の下にエンジンの空気取入口を設けるというシルエットは共通していた。

　Su-9とMiG-21の関係を思い起こさせる、新たな兄弟戦闘機のうちの兄、つまり大型迎撃機のほうは、優れた空力特性を得たことから、これまでのソヴィエトの迎撃専用機とまったく異なり、単純な迎撃任務だけでなく多様な任務をこなす、西側チックな万能戦闘機となった。これが「Cy-27［Su-27］」である。Su-27は、その鶴のような優美なシルエットから、西側でも人気がある。

◇フライ・バイ・ワイヤーの導入

　この機体は、ソヴィエト機で初めて「静安定緩和（Relaxed Static Stability、RSS）」という考えのもとに設計されている。

　飛行中の航空機には、揚力・抗力・重力・推力といったさまざまな力が加わる。一般的に航空機では、飛行中にその姿勢が多少変化しても、元の姿勢に戻る方向に作用するよう、これらの力のバランスをとり、機体を安定させる設計がなされる。たとえば、旅客機のような安定した水平飛行で巡航する航空機にはありがたいものだが、逆を言えば、急に向きを変えようとしても変わりにくいということになる。一方で、これを緩和すると、機体は元の姿勢に戻りにくいが、向きを変えやすくなる。つまり、安定性を損なう一方で運動性能が高くなるわけだ。

　だがしかし、水平飛行で安定しない機体を人間が制御するのは難しく、これ以前の戦闘機ではこうした考え方は用いられてこなかった。なぜ、Su-27では可能だったのか。それは同機がソヴィエト機で初めてフライ・バイ・ワイヤーを導入したからだ。

　フライ・バイ・ワイヤーとは、人間の操作を機械的に直接機体に伝えるのではなく、いったん電気信号に変え、コンピューターを介してから機体に伝達する方法だ。これだと、コンピューターが機体の操縦を補助することが可能なので、安定でない機体も操縦できる。現代では、旅客機も含めてあらゆる航空機に不可欠な装備である。なお、Su-27では機首上げ／下げの方向（ピッチ方向）だけ、フライ・バイ・ワイヤーを導入している。

　Su-27とその改良型は、その高度な空力性能を活かして、航空ショウなどで数々の高度なアクロバット飛行を披露し、西側の度肝を抜いた。もちろん、これらは実際の空戦でそのまま使うわけではないが、高い機動性を証明するものである。

　この機動性とともに、これ以前の「ソヴィエト型迎撃機」からの脱却を強く印象付けているのが、機内に10トン近い燃料を積むことで達成した長大な航続距離で、戦闘機としては異例の4,000 km 近くにもおよぶ（同様に機内燃料のみの航続距離を比較すると、F-15は2,800km）。1989年のパリ航空ショウにソヴィエト国内の基地から無給油で飛来したことも話題となった。

◇搭載ミサイルの汎用化

　Su-27の空対空ミサイルは、これまでの同機種で2種の誘導方式（電波式・赤外線式）の「専用」ミサイルを搭載する方式から、西側戦闘機のAIM-9短距離IRHミ

共通の空力ディザインから生まれた2つの機体であり、全体のシルエットがよく似た兄弟機。大型の迎撃機がSu-27、小型の戦術戦闘機がMiG-29だ！

Su-27
Су-27

Su-27は優れた空力特性から単なる迎撃機に止まらず、万能戦闘機として以降さまざまな派生型が生まれた。

MiG-29
МиГ-29

MiG-29は27カ国に輸出されるベストセラー戦闘機となったが、ソヴィエト崩壊後はSu-27の躍進の陰に隠れてしまう。MiG-29は54ページでくわしく解説する。

R-27

R-73

◆ミサイルの汎用化
これまでの「迎撃機＋専用ミサイル」から、西側のような汎用ミサイルへと変わり、Su-27とMiG-29は同じミサイルを搭載した。

サイルと AIM-7 中距離 SARH ミサイルの組み合わせと同じく、他の戦闘機とも共通の「汎用」ミサイルを搭載する方式のものとなった。搭載ミサイルである R-27 中距離ミサイルと R-73 短距離ミサイルは、後述する MiG-29 と共通である（両ミサイルについては、次節の MiG-29 のところで述べる）。

　また、西側では SARH の AIM-7 に代わって ARH の AIM-120 AMRAAM が開発され、現在はそちらが主力であるが、ソヴィエトでも冷戦末期に ARH の「Р-77［R-77］」の開発がスタートし、ロシア連邦時代の 1994 年に採用された。「撃ちっ放し」可能な R-77 により、既存の汎用戦闘機でも複数目標と同時交戦できるようになった。R-77 は現在のロシア空軍の主力空対空ミサイルとなっており、すっきりとした細身の本体に、姿勢制御用の簀子状尾翼を折り畳み式に備える。

　なお、MiG-25PD 型以来のソヴィエト迎撃機の標準装備とも言える赤外線探索追尾システム（IRST）がキャノピー前方に取り付けられ、機体の外観上の特徴ともなっている。

2013年、アラスカにて米国やカナダとの合同訓練に参加したロシア軍のSu-27（写真：US Air Force）

発着艦の際に機首を上げるためカナードを装備したSu-33（写真：Ministry of Defence of the Russian Federation）

◇数多くのヴァリエイションを生む

　Su-27は、初めて「西側基準で見ても」世界最高水準の戦闘機であり、ソヴィエト連邦崩壊前に本機を完成させた意味は大きかった。ロシア連邦時代に入っても、このヴァリエイションや改良型で、ロシアの防空戦力を支え続けたからである。次節以降にもそれらが登場するが、ここでは2つのヴァリエイションだけ触れておく。

　ひとつは、艦上戦闘機型の「Cy-33［Su-33］」で、発着艦の際に機首を上げるためにカナードを装備したのと、格納庫に収納できるようにするため主翼を折り畳み式としたのが特徴だ。シリア紛争（2015年以降ロシアが介入）では、ロシア唯一の航空母艦「アドミラル・クズネツォフ」から運用された。もうひとつが、偏向ノズルを備えて更に機動性を増した、Su-27系統の進化の本流とも言える「Cy-35［Su-35］」だ。エンジン／ノズルが新しくなっただけでなく、レーダーも新型のフェイズド・アレイ・レーダーとなり、全方向制御となったフライ・バイ・ワイヤーをはじめとする電子装備も一新された。また、対地攻撃任務もこなす多目的戦闘機であり、その意味では次節のSu-30の後継機でもある。

■ロシア最新のステルス迎撃機 Su-57

　Su-27の後継とも言うべき迎撃機が「Cy-57［Su-57］」である。同機は米国のF-22のライヴァルとして開発されたステルス戦闘機で、ステルス性以外にもロシア初のAESAレーダー（アクティヴ電子走査レーダー、1-2節参照）である「H036［N036］」を搭載し、米国の第5世代戦闘機と同等の性能を有している。N036レーダーは、機首だけでなく、側方に2カ所、主翼前縁に2カ所、計5カ所のアンテナを有し、うち主翼前縁のアンテナはLバンド、その他はXバンドと、2種類の波長域の電波を併用した点で西側を凌ぐものとなっている。1-2節で述べたように、レーダー反射断面積は波長によって変わるので、ステルス機と戦う場合には有利に働く。

　ソヴィエト／ロシア機伝統のIRSTに加え、赤外線妨害装置などが「101KC［101KS］」電子光学システムに統合されており、電波以外の戦闘手段を持つことで、冗長性を高めている。

◇F-22と並ぶ世界最強戦闘機

　Su-57は、Su-35譲りの推力偏向エンジンによってF-22をはるかに凌ぐ高機動性を誇る。F-22が2次元の偏向ノズル＋隣り合わせのエンジン配置なのに対して、Su-57（およびSu-35）では3次元の偏向ノズルであるうえに離れたエンジン配置（Su-27以来の配置）であるがゆえにピッチ（上下）方向だけでなく、ヨー（横向き）方向やロール（横回転）方向にも利くようになっているからだ。

　エンジンは今のところSu-35と同じとなっているが、本書執筆現在、新型エンジンを試験中で、これが生産型にも搭載されるようになれば、世界でもっとも高出力の戦闘機となる。もちろん、F-22と同様に超音速巡航も可能だ。

　機体の材質には、Su-27がチタン合金を多用しているのに対して、Su-57では複合材料が多く用いられ、そのために最高速度は抑えられていると言われている（音速飛行時に発生する熱に対して、複合材料は耐熱性がチタン合金よりも低いため）。空対空ミサイルは、機体内格納を考慮したR-77中距離ミサイルとR-73短距離ミサイルの改良型（R-77MとR-74M）に加え、R-37長距離ミサイルも運用できる。F-22と並ぶ世界最強の戦闘機であることは間違いない。

　ただし、Su-57は極めて高価な迎撃機で、ロシア空軍でも今のところたった76機分しか製造の契約をしていないうえ、生産もあまり進んでいないようだ。輸出の話も出てはいるが、結局のところ次節で解説するSu-75を輸出することになるのでは

米国のF-22のライヴァルと言えるステルス戦闘機Su-57（写真：Ministry of Defence of the Russian Federation）

　ないか。このあたりは、F-22が合衆国空軍以外のどの空軍でも運用されていないことと同じである。

　Su-57よりもさらに次世代の迎撃機として、将来長距離迎撃航空複合体（Перспективный Авиационный Комплекс Дальнего Перехвата、ПАК ДП［*PAK DP*］）が計画され、MiG-31の代替とされているが、Su-57の調達もままならぬ現在のロシアの国情を考えると、どの程度開発が進むのか不透明である。

■そのほかの迎撃機

　スホーイとミグ以外の迎撃機にも少しだけ触れておく。ここまで解説してきた迎撃機とは別に、冷戦初期から大型の長距離迎撃機の要求が存在した。その要求に応えて、大祖国戦争で戦闘機開発の主役を務めたヤコヴレフ設計局（第115試作設計局、OKB-115）が開発したのが「Як-25［Yak-25］」で、主翼下にエンジンを吊り下げた古典的なデザインの機体だった。1955年から運用開始されたが、亜音速であることに加え、兵装が37㎜機関砲だけだったため、1967年には退役した。それでも638機が生産されている。

Yak-28P
Як-28П

Yak-25（下写真）をベースに生まれた迎撃機。主翼下にエンジンを吊り下げる古典的ディザインだが、冷戦末期まで運用された。

写真：木村和尊

　そのYak-25をもとにして、超音速戦術爆撃機「Як-26 ［Yak-26］」が開発された
（1960年運用開始）。このYak-26の派生型として空対空ミサイルを運用できるよう
に改修された迎撃機型が「Як-28П ［Yak-28P］」であり、435機が製造された。運
用するミサイルはSu-11と同じくR-8である。Yak-28Pは意外にも冷戦末期まで運
用された。

　長距離迎撃機は、大祖国戦争でヤコヴレフ設計局と並ぶ戦闘機開発のもうひとつ
の雄、ラヴァチュキン設計局（第301試作設計局、OKB-301）でも開発が進めら
れていた。しかし、その開発は頓挫し、かわって爆撃機開発で名高いトゥパレフ設
計局（第156試作設計局、OKB-156）が開発を引き継ぐこととなった。その結果
誕生したのが「Ту-128 ［Tu-128］」である。全長30 m、最大離陸重量40トンにも
およぶ巨大な迎撃機で、航続距離は2,570 kmに達した。ディザイン的には、胴体
に双発のエンジンを埋め込み、空気取入口を機首左右に、エンジンノズルは尾部で
ひとつにまとめられた、スッキリした後退翼機である。運用する空対空ミサイルは
SARHの「P-4P ［R-4R］」とIRHの「P-4T ［R-4T］」である。1965年から運用開
始され、こちらも主役はスホーイやミグの迎撃機に譲ったものの、Yak-28Pと共に
冷戦末期まで運用された。

Tu-128 Ту-128
戦闘機としては世界最大の全長30mの巨体（イラストでは
MiG-21戦闘機と比較した）。試作爆撃機Tu-98がベースとな
っており、同じく同機をもとにしたものにTu-22爆撃機がある。

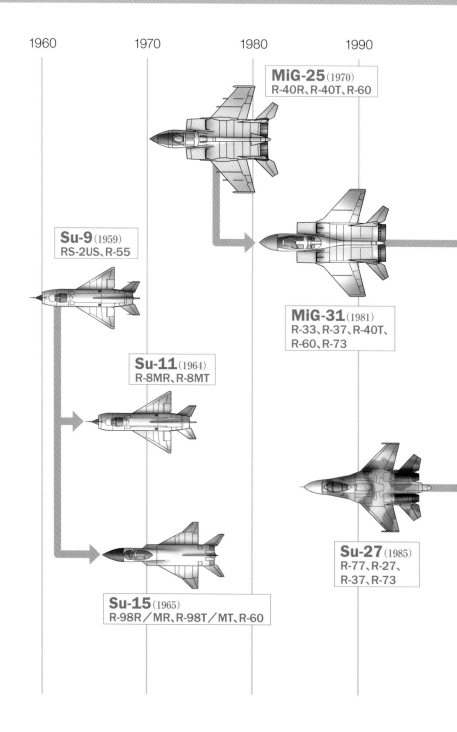

1960　　　　1970　　　　1980　　　　1990

MiG-25 (1970)
R-40R、R-40T、R-60

Su-9 (1959)
RS-2US、R-55

MiG-31 (1981)
R-33、R-37、R-40T、
R-60、R-73

Su-11 (1964)
R-8MR、R-8MT

Su-27 (1985)
R-77、R-27、
R-37、R-73

Su-15 (1965)
R-98R／MR、R-98T／MT、R-60

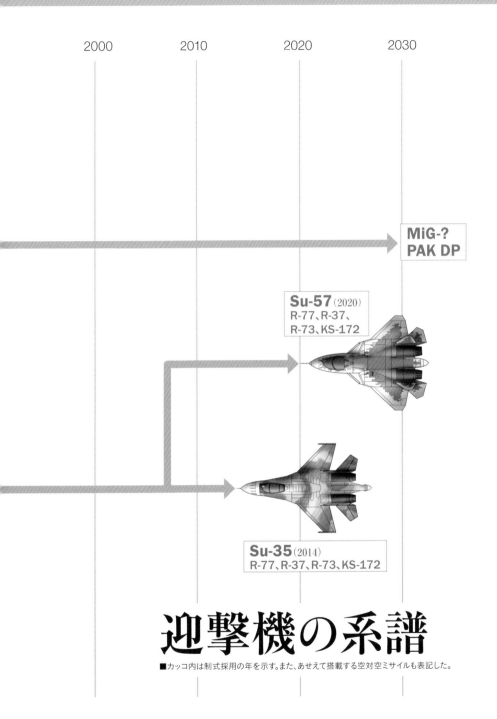

MiG-?
PAK DP

Su-57 (2020)
R-77、R-37、
R-73、KS-172

Su-35 (2014)
R-77、R-37、R-73、KS-172

迎撃機の系譜

■カッコ内は制式採用の年を示す。また、あせえて搭載する空対空ミサイルも表記した。

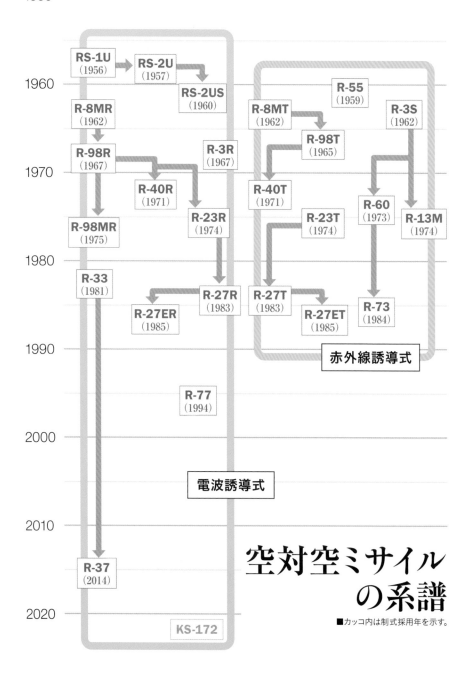

空対空ミサイル
の系譜

■カッコ内は制式採用年を示す。

赤外線誘導式

電波誘導式

2-2 戦術戦闘機

■ 2つの戦争で米国を苦しめた傑作機 MiG-15 ／ MiG-17 ／ MiG-19

　戦闘機の任務は、何も戦略爆撃を迎え撃つだけではない。というより、それはむしろ米国に真っ向から組み合ったソヴィエト特有の話であって、"普通の"空軍の主たる任務は異なる。ソヴィエトでも、このような理由だからこそ、防空軍を"普通の"任務をこなす空軍と切り離したのである。本節では、その空軍の戦闘機について解説する。

　ミカヤン・グレヴィチ設計局（OKB-155）は、大祖国戦争期から戦闘機を開発していたが、それらはヤコヴレフ設計局の戦闘機の陰に隠れた存在だった（同戦争期のMiG戦闘機の製造数はYak戦闘機に比べて1/10以下）。しかし、ジェット戦闘機時代に入り、立場は逆転した。ミグ設計局が最初に開発したジェット戦闘機は「МиГ-9［MiG-9］」だが、主翼も直線翼で、「とりあえず最初に開発してみた」といった趣の戦闘機だった（それでも600機製造された）。その次に開発した「МиГ-15［MiG-15］」こそが、ミグをしてソヴィエト戦闘機の代名詞たらしめた名機だっ

MIG-15戦闘機（写真：多田将）

た。ミグ初の後退翼を備えた機体に、英国ロールスロイスのライセンス生産エンジンを搭載していたが、当時の英国が左派の労働党政権であったとは言え、すでに冷戦に入っていたこの時期にライセンス生産を認めたことは奇跡に近かった。

　このMiG-15が世界にその名を轟かせる機会を得たのは、同機にとっては幸運なことに、朝鮮戦争が勃発したためである。日本を屈服させたB-29を中心とする世界最強の合衆国空軍を、ソヴィエトと中国のパイロットが操縦するMiG-15が迎え撃った。撃墜数だけ比較すると、第2次世界大戦を戦った優秀なヴェテランパイロットを多数擁する合衆国空軍が、当然ながら上であったが、数々の欠点を有しながらも米国の最新ジェット戦闘機（F-86）と渡り合える戦闘機をソヴィエトが開発したことは西側に大きな衝撃を与えた。しかも、その生産数15,560機（海外生産含む）は、F-86の9,860機を大きく上回った。

◇ヴェトナム戦争の衝撃

　朝鮮戦争以上に西側を驚かせたのは、ヴェトナム戦争の航空戦だった。合衆国空軍／海軍の主力戦闘機は当時世界最強だったF-4で、それを迎え撃ったヴェトナム

MiG-17戦闘機（写真：多田将）

空軍の主力戦闘機がMiG-15の改良型である「МиГ-17［*MiG-17*］」だ。

　米国の技術を結集した最新のレーダーと空対空ミサイルを搭載したF-4と、機関砲しかない一昔前の設計のMiG-17、しかも操縦するのは米国の本格的ヴェトナム介入後に急遽ソヴィエトで訓練を受けてきたばかりのパイロット——と、これだけ見ればMiG-17が勝つ要素など、皆無であると思われた。しかし、本機の奮戦はもちろん、地対空ミサイルを含めたソヴィエト式防空システムの前に、米国はヴェトナムの空を支配することを阻止された。

　想像すらしていなかった事態に慌てた米国では、空軍は格闘戦においても敵を圧倒する空力性能の高い機体（F-15、F-16）を開発し、海軍は合衆国海軍戦闘機兵器学校（USNFWS、いわゆる「トップガン」）を開設してパイロットの技量向上に努めた。

◇世界初の超音速戦闘機になり損ねたMiG-19

　また、ソヴィエトではMiG-15／17が就役して間もなく、それらをもとにした超音速戦闘機の開発を行っている。これが「МиГ-19［*MiG-19*］」で、米国のF-100に次ぐ世界で2番目の超音速戦闘機となった。なお、原型機の初飛行はMiG-19がF-100より先だったが、残念ながらその機体は超音速に達せず2番目に甘んじることとなった。

■世界的ベストセラー戦闘機 MiG-21

　前節のSu-9のところで、1950年代に中央流体力学研究所が提示した新型戦闘機の基本ディザインをもとに、デルタ翼型と後退翼型、2種の戦闘機をスホーイとミグの両設計局が開発したことを述べた。ミグ設計局では、後退翼型は試作したものの実用化されず、デルタ翼型だけが実用化された。これが「МиГ-21［*MiG-21*］」だ。平面図では同じくデルタ翼のSu-9によく似ているが、一回り小さい。

　エンジンは第300工場（現：サユーズ [※6]）で製造された「Р-11［*R-11*］」ターボジェットエンジンである。同工場のエンジンは、設計主任がアレクサンドゥル＝アレクサンドゥロヴィチ＝ミクリンであったときはそのイニシャルから「AM-○○」という形式であったが、彼が解任された後には「R-○○」という形式となった。ミクリンの後を継いだのは、セルゲイ＝コンスタンティノヴィチ＝トゥマンスキイである。スホーイとサトゥルンがタッグを組んだように、ミグはサユーズとタッグを組むことが多かった。MiG-21は、まるでR-11エンジンに翼をつけたかのようにギリギリま

※6：「サユーズ（Союз）」とは連合の意味。

で切り詰めた機体形状をしている。

　MiG-21の初期型は、索敵しかできないレーダーを積んでいたために電波誘導型のミサイルを運用できず、赤外線誘導型の「Р-3С［R-3S］」だけを搭載していた。このR-3は、笑ってしまうくらい米国のAIM-9にそっくりな外観をしている。このミサイルは、さまざまな戦闘機に搭載する汎用ミサイルとして開発されている。

　MiG-21は、本国で10,645機、ライセンス生産で851機、違法なコピーを含む中国での生産が2,500機、計14,000機という、超音速戦闘機としては桁外れの生産数を誇り、47カ国に輸出された。登場以降、冷戦期にはフォークランド紛争を除く、あらゆる戦争・紛争で活躍し、驚くべきことに現在でも十数か国で運用され

MiG-21 МиГ-21

安価で扱いやすいため世界で14,000機も生産されたベストセラー戦闘機。冷戦期の東側諸国を代表する機体。イラストは初期の量産型である「MiG-21F-13」。

R-3S

AIM-9に
そっくり…

ノーズコーン（ショックコーン）が前後することで、流入する空気の速度を調整した。初期モデルの場合、マッハ1.9以上でもっとも前進した位置になった
ただ、ノーズコーンが小さいため、搭載するレーダーの性能が制限された。

ている。本機は傑出した高性能機ではないが、安価で扱いやすいことが兵器にとっていかに重要であるかを示す典型例と言える。

■可変後退翼で滑走距離を短縮 MiG-23

　MiG-21の一番の欠点を挙げてみよと言われれば、著者は航続距離の短さを挙げる。ソヴィエト空軍でもより長い航続距離を求める声が大きかったようで、その解決に取り組んだ戦闘機の開発が行われた。開発で航続距離に加えて重視されたのが、離陸の際の滑走距離の短縮である。リフトエンジンを搭載した機体 [※7] も試作されていたことを考えると、こちらのほうが要求としては大きかったのかもしれない。しかし、リフトエンジン機は採用されず、当時の世界的なトレンドとも言える可変後退翼機となった。特にソヴィエトでは可変後退翼が愛された時期があった。可変後退翼について詳しくは第4章で述べるが、ここでは「離陸時（低速時）には大きな翼を、高速時には小さな翼を」という、わがままな要求を満足させる技術であるとだけ述べておく。こうして生まれたのが「МиГ-23 [*MiG-23*]」である。

　世界初の実用可変後退翼戦闘機であるF-111は、米国らしく最先端の技術を投入した高性能な機体であり、また可変翼機の代名詞ともなったF-14は戦闘時に自動的に後退翼を可変させて機動性を上げるという凝った構造を採用している。これら2機種と比較したとき、MiG-23はよりシンプルで手堅い設計となっている。後退角は手動で3段階に変えられるのみで、戦闘時は固定される。しかし、この決断が4,000機を超える製造を可能とした。実にソヴィエトらしいやり方である。

◇可変式空気取入口

　MiG-21が機首に空気取入口を設けていたのに対して、MiG-23では左右側部に設け、機首には大型のレーダーを搭載できるようにしている。この部分だけを見ると米国のF-4に似ている。

　この空気取入口はジェットエンジンの動作に対して重要な役割を担っている。超音速の空気流をそのままタービンに入れると、効率的な稼働ができなくなるため、空気取入口で空気流を減速しているのだ。ところが、超音速領域で発生する衝撃波の角度は速度が上がるほど鋭くなり、減速のために最適な空気取入口の形状は速度によって変化する。そのため、超音速機のなかでもマッハ2を超える機体の空気取入口は可変式となっている（固定式の空気取入口を持つ戦闘機の速度は、F-16の最高速度であるマッハ2.02程度が限界とされている）。

※7：コックピットの後ろあたりにリフトエンジンを搭載することで、離陸時に機首を持ち上げ、
　　　滑走距離を短縮しようと考えていた。

　Mig-21はコーン式の機首空気取入口であるから、このコーンが速度領域にあわせて前後に動くことで調整している。MiG-23では、空気取入口の直前に、機体表面を流れる境界層の空気をエンジンに入れないように、スプリッター・ヴェイン（splitter vane）と呼ばれる板が取り付けられているが、それを可動式にして、速度領域にあわせて調整をしている。この可変方式もF-4と同様である。

　MiG-23はMiG-21の後継ではなく、並行して運用された。本機は高性能なレーダーと本格的なSARHミサイルを備えたことで、西側戦闘機と互角なミサイル戦が可能となった。航続距離も長く、MiG-23はMiG-21にはできない役割を担って、これを補完した。

> **MiG-23のイラストは99ページに掲載**

■世界に先駆けHMSを採用 MiG-29

　前節のSu-27の解説で、中央流体力学研究所の空力ディザインをもとに、スホーイ設計局が大型迎撃機（Su-27）を、ミグ設計局が小型の戦術戦闘機を開発したと述べた。それが「МиГ-29［*MiG-29*］」だった。

　MiG-29では、先述したSu-27同様に兵装が西側風に汎用ミサイルとなり、Su-27と共用の「Р-27［*R-27*］」中距離ミサイルと「Р-73［*R-73*］」短距離ミサイルを搭載する。R-27には、SARHのR-27RとIRHのR-27Tの両型があるが、さらにそれぞれに射程延長型であるR-27ERとR-27ETがある。

　また、R-73は格闘戦用のIRHで、ノズル部にヴェインが4つあり、これでそれぞれの方向に「蓋をする」ことで噴射方向を変え、姿勢を制御する。このため、対気速度が充分でないために方向舵が効きにくい発射直後でも高い機動性を持ち、真横に近い敵とも交戦できる。横方向は従来のヘッドアップ・ディスプレイの範囲外であるため、ヘルメットのヴァイザーに各種情報を映し出して照準できるヘルメット・マウンティッド・サイト（HMS）が採用された。これはR-73を搭載する戦闘機の標準装備である。今でこそヘルメット・マウンティッド・ディスプレイ（HMD）として西側でも採用されているものだが、1980年代末に公開されたときは、その先進的な装備に西側は驚かされた。なお、HMSは国際市場に売り込む際の名称で、ロシア語では「ヘルメット搭載型照準システム（Нашлемная Система Целеука зания）」である。

　MiG-29は1,600機以上が生産され、27か国に輸出されるベストセラーとなった。

MiG-29戦闘機（写真：Ministry of Defence of the Russian Federation）

MiG-29が搭載したR-73。格闘戦用であり誘導方式はIRH
（写真：多田将）

R-73のノズル部。4つのヴェインにより噴射方向を変え、
姿勢を制御する。（写真：多田将）

しかし、冷戦後のロシア本国では防空軍と空軍が統合され、戦闘機部隊が縮小されるなかで、その主力はSu-27系の機体が占めることとなり、MiG-29は傍流に甘んじることとなった。その後、2010年代に入って、電子装備を中心に中身を一新した改良型の「МиГ-35［MiG-35］」が開発され、細々と生産が続いている。

MiG-29のイラストは39ページに掲載

■もとは輸出用の多用途戦闘爆撃機 Su-30

　ソヴィエト／ロシアにおいて、戦闘機の形式番号は「奇数」である。偶数は、輸出用に使われるのがほとんどだ。その意味で、Su-27の重要な改良型である「Су-30［Su-30］」は、もともと輸出型であったことを、その番号が示している。ロシア連邦時代に入り、予算不足で本国の戦闘機の調達がままならぬとき、ソヴィエト連邦時代の遺産であるSu-27は、外貨を稼ぐ重要な輸出品となった。ソヴィエト時代は、輸出用と言えば本国版よりグレイドダウンしたものを高飛車に売りつけていたものだが、このころは輸出先の要求を積極的に受け入れてオーダーメイド的に改良したヴァージョンを開発して輸出していた。そのため、本国版に先駆けて先端技

Su-30戦闘機（写真：Ministry of Defence of the Russian Federation）

術を盛り込んだものすらあった。

　通常の国では迎撃専用の戦闘機といった贅沢品は運用せず、攻撃任務を含むあらゆる任務をこなす戦闘機が求められる。その要求にあわせてSu-30は多用途戦闘攻撃機となった。そして多様な兵器の運用のため、複座型とされた。ヴァリエイションとしては、中国向けのSu-30MKK、インド向けのSu-30MKI、マレーシア向けのSu-30MKM、そして本国向けのSu-30SMなど多種にわたり、本書の執筆現在（2023年）で本国含む13か国で運用されている。前節で紹介したSu-35は、このSu-30の後継として運用されるだろう。

■ Su-57と対となるステルス軽戦闘機 Su-75

　合衆国空軍が、重戦闘機F-15と多用途軽戦闘機F-16を併用し、それぞれの後継としてF-22とF-35を開発したように、ロシアでも新世代のステルス戦闘機として前述の重戦闘機Su-57とペアとなる軽戦闘機が開発されていた。その姿が2021年7月の航空ショウにて公開された。それが「Cy-75［Su-75］」だ。まさにロシアにおけるF-35の位置を占める戦闘機で、双発の重戦闘機Su-57に対して単発としたところもF-16やF-35に共通している（エンジンはSu-57搭載のものと同じ）。一方で、そのシルエットはF-35との競作で敗れたX-32に、どことなく似ているようにも見える。

　同機は、2023年に初飛行、2027年に就役を目指していると発表されたが、Su-57やF-35の開発史を鑑みるに就役はもっと遅れるのではないか。本国でSu-57とともに運用されるほか、より安価で重要な輸出用戦闘機となることが見込まれており、仮に就役できればSu-57の大量調達が難しいロシア航空宇宙軍にとっては数の上での主力となることが予想される。また、ステルス戦闘機を欲しいがF-35を買えない国にとっては、魅力的な商品になるだろう。

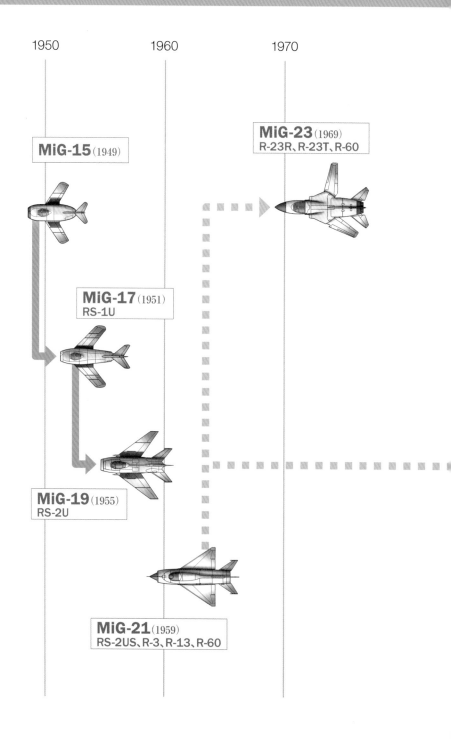

1950　　　　1960　　　　1970

MiG-15 (1949)

MiG-17 (1951)
RS-1U

MiG-19 (1955)
RS-2U

MiG-21 (1959)
RS-2US、R-3、R-13、R-60

MiG-23 (1969)
R-23R、R-23T、R-60

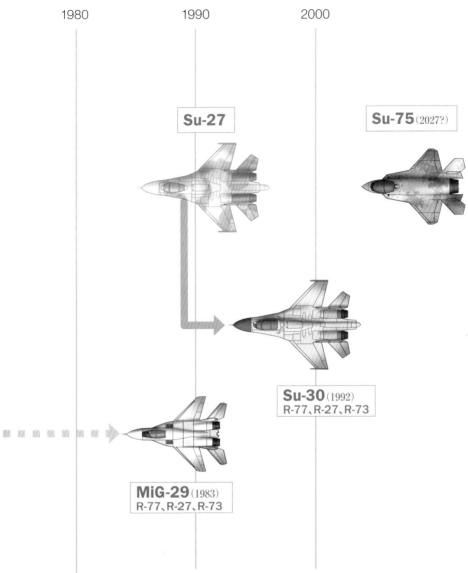

1980　　　1990　　　2000

Su-27

Su-75（2027?）

Su-30（1992）
R-77、R-27、R-73

MiG-29（1983）
R-77、R-27、R-73

戦術戦闘機の系譜

■カッコ内は制式採用の年を示す。また、あわせて搭載する空対空ミサイルも表記した。

戦闘機と搭載ミサイル

迎撃機の節(2-1節)で解説したとおり、ソヴィエト連邦軍では空対空ミサイルごとに専用の発射母機(迎撃機)が開発され、機体とミサイルは紐づけられていた。のちにSu-27／MiG-29の登場以降は、汎用ミサイルへと移行している。以下に、搭載する空対空ミサイルについて戦闘機ごとにまとめた。

◆迎撃機 (赤く示したものは専用ミサイル)

発射母機	搭載ミサイル	射程		搭載ミサイルの変更
Su-9	RS-2US ※			
	R-55 (IRH)	短		
Su-11	R-8MR/MT (SARH/IRH)	中		
Su-15	R-98R/T (SARH/IRH)	中	➡	R-98MR/MT (SARH/IRH)
	R-60 (IRH)			
MiG-25	R-40R/T (SARH/IRH)	中		
	R-60 (IRH)	短		
MiG-31	R-33 (SARH)	長	➡	R-37 (SARH/ARH)
	R-40T (IRH)	中		
	R-60 (IRH)	短	➡	R-73 (IRH)
Su-27	R-27R/T (SARH/IRH)	中	➡	R-77 (ARH)
	R-73 (IRH)	短	➡	R-74M (IRH)
	R-37 (SARH/ARH)	長		
Su-35	R-77 (ARH)	中		
	R-73 (IRH)	短	➡	R-74M (IRH)
	R-37 (SARH/ARH)	長		
	KS-172 (ARH)	長		
Su-57	R-77 (ARH)	中		
	R-73 (IRH)	短	➡	R-74M (IRH)
	R-37 (SARH/ARH)	長		
	KS-172 (ARH)	長		

※:ビームラインディング誘導

◆戦術戦闘機 (赤く示したものは専用ミサイル)

発射母機	搭載ミサイル	射程		搭載ミサイルの変更
MiG-15	(ミサイルなし)			
MiG-17	RS-1U ※			
MiG-19	RS-2U ※			
MiG-21	RS-2US ※			
	R-3S/R (IRH／SARH)	短	➡	R-13 (IRH)
	R-60 (IRH)	短		
MiG-23	R-23R/T (SARH/IRH)	中	➡	R-24R/T (SARH/IRH)
	R-60 (IRH)	短		
MiG-29	R-27R/T (SARH/IRH)	中	➡	R-77 (ARH)
	R-73 (IRH)	短	➡	R-74M (IRH)
Su-30	R-27R/T (SARH/IRH)	中	➡	R-77 (ARH)
	R-73 (IRH)	短	➡	R-74M (IRH)

※:ビームラインディング誘導

第3章
防空システム

写真：鈴崎利治

ソヴィエトは機関砲と射程の異なるミサイルを組み合わせた多層的野戦防空を構築した
（写真：Ministry of Defence of the Russian Federation）

ハリネズミのような地対空ミサイル網

　ソヴィエト連邦の防空システムでもっとも特徴的なのは、ハリネズミのような地対空ミサイル網とも言える。これは他国にはまず見られないほど重厚なものである。たとえば、冷戦最盛期の1986年で、防空軍の地対空ミサイルが9,600基、戦略任務ロケット軍の対弾道弾迎撃ミサイルが100基、陸軍の地対空ミサイルが4,300基（携行式は除く）、加えて高射砲21,000門と、凄まじいの一言に尽きる。しかし、それでもあの広大な国土を守るのに充分であったかは疑問である。

　これを見ると、防空軍と陸軍でそれぞれ地対空ミサイルを運用していたことも理解できる。防空軍のほうは、国土を防空する戦略防空システムを運用する。迎撃機の節（2-2節）で述べたように、防空軍においては地対空ミサイルも迎撃機と一体になった防空システムの一部に過ぎず、地上から発射するミサイルと、空中（迎撃機）から発射するミサイルとで、濃密な防空網を構成するのである。一方、陸軍のほうは、戦場で自軍の上空を守るための戦術防空網を、自前で揃えていた。これらを分けてそれぞれ解説することとする。

3-1 戦略（国土）防空システム

■冷戦期の代表的防空システム S-75系統

　まず本節では、防空軍が担当した戦略（国土）防空システムで使われた地対空ミサイルについて述べる。「S-○○」というのは、発射指揮車輌・レーダー・発射機を含めたシステム全体の名前で、搭載される迎撃体（ミサイル本体）については、必要に応じて記述する。

　最初の地対空ミサイルシステムは、「C-25［S-25］」で、22基のレーダーと56基の迎撃体発射機が1組になった重厚なものだった。これらを、モスクワ中心部から半径45〜50kmの内輪に22基、半径85〜90kmの外輪に34基、二重円状に配置した。これらの運用のために、各発射サイトを繋ぐ二重円状のコンクリート舗装専用道路が建設されたほどの力の入れようだった。その道路は後に、上からアスファルト舗装を施し、今でも国道A107（内輪）とA108（外輪）として使われている。

ソヴィエト初の地対空ミサイルシステムであるS-25の迎撃体V-300。モスクワを防衛するため、二重円状に配置された（写真：多田将）

　この防空システムを開発するために新たに第1設計局（KB-1）が設立された。同設計局は、冷戦末期に生産合同『アルマーズ』と改称され、現在最新のS-500にいたるまで、すべての戦略防空システムの開発を手掛けている。生産合同『アルマーズ』は、現在ロシア最大の売上高を誇る巨大軍需産業グループ「アルマーズ・アンテイ」の中心企業である。また、迎撃体（ミサイル）は、大祖国戦争でヤコヴレフとならぶ戦闘機設計局として活躍したラヴァチュキン設計局（OKB-301）が開発した。

　S-25は戦略爆撃機の大群を迎え撃つには優れた防空システムだったが、あまりに重厚なためモスクワにしか配備できなかった。そこで、次に開発された「C-75［S-75］」は可搬式となり、手軽に運用できるようになった。性能も向上し、米国の爆撃機の高性能化にあわせ、その射高はS-25の2.5倍となった。そのことが大きな戦果に繋がったのが、1960年5月1日のソヴィエト領空を侵犯したU-2高高度偵察機の撃墜だった。U-2は、当時のソヴィエト戦闘機が到達できない高度を飛行していたため、アンタッチャブルな存在だったが、S-75によってついに迎撃に成功したのだ。迎撃機と地対空ミサイルが互いに補完しあうソヴィエト式防空システムを象徴する戦果である。ちなみに、モスクワの中央軍事博物館には、撃墜されたU-2の残骸が展示されており、その上にS-75の迎撃体V-750が吊られた状態で誇らしげに展示されている。また、キューバ危機（1962年）においても、キューバ上空を偵察飛行するU-2を同システムが撃墜している。

　これらの戦果以上に、S-75を世界に知らしめたのが、ヴェトナム戦争での活躍だった。ヴェトナム民主共和国（いわゆる北ヴェトナム）に配備されたS-75は、合衆国空軍／海軍の航空機の重大な脅威となり、米軍パイロットたちの心臓を凍らせた。S-75によって撃墜された航空機の数そのものはそれほど多くはないが、この兵器の存在が航空作戦を制限し、米軍パイロットに低空飛行を強いた（低空に降りた航空機は、高射砲の餌食になる可能性があった）。また、地対空ミサイル制圧任務に戦力を割かれ、直接的な戦果以上の効果を発揮した。

　S-75は本国に大量に配備されたほか、40か国以上に輸出され、世界的にもっとも普及した地対空ミサイルシステムとなった。現在でも20か国以上で運用されている。それだけでなく、そのロケット技術は、中国・インド・イランの弾道弾開発の始祖ともなった。

S-25
C-25

ソヴィエト最初の地対空
ミサイルシステムは、モスク
ワを防衛するため環を描
くように56基が配備され
た。のちにS-75とS-125
に置き換えられた。

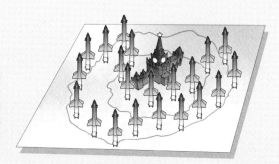

うわっ!

S-75
C-75

1960年、ソヴィエト領空
を侵犯した米国のU-2偵
察機を撃墜。世界各国
にも輸出され、冷戦期を
代表する地対空ミサイル
となった。

S-125
C-125

高高度防空ミサイルである
S-75を補完するため、中・
低高度域をカバーすべく開
発された。コソボ紛争では
F-117ステルス攻撃機を撃
墜する戦果を挙げた。

モスクワの中央軍事博物館に展示されたS-75（その迎撃体V-750）は、撃墜したU-2偵察機の残骸が併置されている
（写真：多田将）

　S-75がU-2の撃墜で名を上げたとすれば、その改良型「C-125［S-125］」は、1999年3月27日にステルス攻撃機F-117を撃墜したことで知られている。現在に至るも、ステルス機が撃墜された例はこれだけである。

　ステルス機は「レーダーに映らない」と言われがちだが、正確には「映りにくい」だけだ。レーダー反射断面積が極端に小さいからだ（1-2節参照）。したがって、探知や撃墜は不可能ではない。S-125はそのことを証明してみせたわけだ。しかし困難であることに変わりはない。その困難な任務を、よりによってこの古い防空システムがやり遂げた理由は幾つか考えられる。

　ひとつは、このシステムで使用する39N6レーダーの波長が、UHFバンドだったことだ。近代的なレーダーの主流はそれより波長が一桁短く分解能が高いXバンドの電波を使っており、ステルス機もそれに対して最高のステルス性能を発揮できるように設計されている。しかしステルスの効果が波長によって異なるのは第1章で述べた通りだ。たとえば、Su-57のレーダーがXバンド以外に波長の長いLバンドのアンテナも搭載して対ステルス性能を高めていることを第2章で解説したが、UHFバ

ンドはLバンドよりさらに波長が長い。我が国も運用している米国製E-2D早期警戒機も、ステルス対策としてUHFバンドを利用している。

　もうひとつは、S-125の誘導方式が指令誘導（1-3節参照）のなかでも古臭い「手動指令照準線一致誘導（MCLOS）」という方法だったことだ。これは目標に向けた照準線の上にミサイルが乗るように、指揮処の操作員が「手動で」、まるでラジコンのごとくミサイルを操作する方法だ。これは操作員の負担が大きいうえに、命中精度は操作員の腕次第なので、現在では廃れてしまった方式なのだが、この「腕次第」がステルスに勝ってしまった例が、この戦果なのだ。この戦例は、古い防空システムでも使い方次第で大きな戦果を挙げうることを証明した。

　S-125はヴェトナム戦争に投入されたほか、中東戦争などでも戦果を挙げ、さらには、現在進行形のウクライナ戦争でも使用されている。なお、艦艇搭載の艦隊防空システム「M-1［M-1］」は、S-125の艦載型である[※1]。

■現代まで続く防空ミサイルの系譜 S-300系統

　S-25／75／125の系統とは別に、より長射程の防空システム「C-200［S-200］」が1960年代に開発された。その後、これらの役割を統合した中射程の防空システムが1970年代に登場した。それが現在でも本国の防空システムとして、また輸出用として重要な地位を占める「C-300［S-300］」だ。

　S-300には多くのヴァリエイションがあるが、本項の戦略防空システムで使われているのが、装輪車輌に搭載されたS-300P、次節の野戦防空システムで使われているのが、装軌車輌に搭載されたS-300Vである。また、艦隊防空システムで使われている艦載型がS-300Fである[※1]。のちに改良型のS-300PM／S-300VM／S-300FMがそれぞれ登場し、より長距離・高空・高速目標をカヴァーできるようになった。

　ロシア連邦時代に入って、その後継として開発されたのが「C-400［S-400］」で、あろうことかNATO加盟国であるトルコが輸入したことで国際的な問題になったことをご存じの読者もおられるだろう。S-400は、迎撃対象にあわせて、大きさも射程も異なる4種類の迎撃体を運用できる。もともと、これらの防空システムは対航空機用だが、S-300で短距離弾道弾を迎撃できるようになり、S-400では中距離弾道弾まで迎撃できるようになった。系譜図に描かれているうち「48H6［48N6］」が対弾道弾用で、秒速4,800mの目標を迎撃できる。「9M96［9M96］」・「9M100

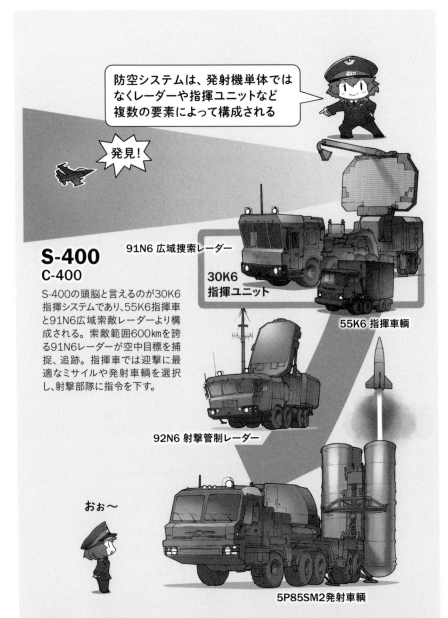

防空システムは、発射機単体では
なくレーダーや指揮ユニットなど
複数の要素によって構成される

発見！

S-400
C-400

S-400の頭脳と言えるのが30K6
指揮システムであり、55K6指揮車
と91N6広域索敵レーダーより構
成される。索敵範囲600kmを誇
る91N6レーダーが空中目標を捕
捉、追跡。指揮車では迎撃に最
適なミサイルや発射車輌を選択
し、射撃部隊に指令を下す。

91N6 広域捜索レーダー

30K6
指揮ユニット

55K6 指揮車輌

92N6 射撃管制レーダー

おぉ〜

5P85SM2発射車輌

射撃部隊は、92N6射撃管制レーダー1輌に対して発射車輌4輌程度で構成される（最大12輌
を管制できる）。92N6レーダーは、最大10目標に対して20発のミサイルを誘導することが可能。

「9M100」は対航空機／巡航ミサイル用で、高度5mの超低空を飛行する敵とも交戦が可能だ。そして「40H6［40N6］」は長距離迎撃用で、380kmの射程を有している。

このうち対航空機／巡航ミサイル用の9M96／9M100だけを発射できるようにした「C-350［S-350］」という対空システムも存在し、こちらはS-400よりも短い射程の領域を担当する。また、S-400の艦載版である「9K96［9K96］」は、近年の新型艦艇に必ずと言っていいほど搭載されている[※2]。

ところで、巻末の部隊編成をご覧いただくと、S-400は必ず自走式の近距離防空システム「96K6［96K6］」とセットで配備されていることに気づかれるだろう。防空システムは、空襲側からすれば最初の攻撃目標で、これを制圧してから次の目標を攻撃する。つまり、もっとも狙われやすい標的でもある。そこで、S-400自体を守り、S-400が長距離防空に専念できるように、96K6が活躍する。イージス・システム搭載艦がミサイル防衛に専念できるように、別の艦艇がそれを護衛するのと同じだ。現在ロシアではS-300をS-400と96K6のペアへと置き換えを進めている（本書執筆時点で2/3程度の置き換えが完了している）。

そのS-400のさらなる進化型が「C-500［S-500］」だ。S-500用に開発された「77H6［77N6］」迎撃体を使えば、秒速7,000mで飛来する10個の敵と同時交戦が可能で、つまり大陸間弾道弾まで迎撃できるようになった。射高は200km、つまり宇宙空間にまでおよび、低軌道の人工衛星も撃墜可能だ[※1]。射程は500～600kmだ。もちろん、航空機や巡航ミサイル、また次世代の脅威として注目されている極超音速滑空体[※3]などの大気圏内の敵とも交戦できる。

S-500はS-400を置き換えるわけではなく、S-400や後述する弾道弾防御システムA-235とともに互いを補完するかたちで運用される。2021年に試験的に配備され、本格運用は2025年を目指している。また、S-500の艦載版を、次世代艦隊水雷艇23560型に搭載する計画もある（ただし、この23560型が本当に建造されるかどうかはかなり不透明である）。

※2：国際航空連盟では、海抜高度100km より上を宇宙と定義している（米軍では80km）。高度200～1,000km は低軌道と呼ばれている。この高度は偵察衛星（200km）や国際宇宙ステーション（400km）が利用している。また、GPS衛星は高度20,000km、気象衛星や通信衛星は高度36,000km（静止軌道）を周回している。なお、民間旅客機は高度10km前後を飛行している。
※3：極超音速滑空体は、弾道弾の再突入体が大気圏再突入後に大気中を滑空するもので、従来の弾道弾と異なり軌道が不規則で、位置の予測が困難であるとされている。いわば再突入体の変種で、ロシアでは大陸間弾道弾に搭載する「アヴァンガルト」を開発している。また、弾道弾とは別に、極超音速で飛行する巡航ミサイル（極超音速巡航ミサイル）も各国で近年開発が進められており、S-500はこちらに対する迎撃能力も備えていると言われている。

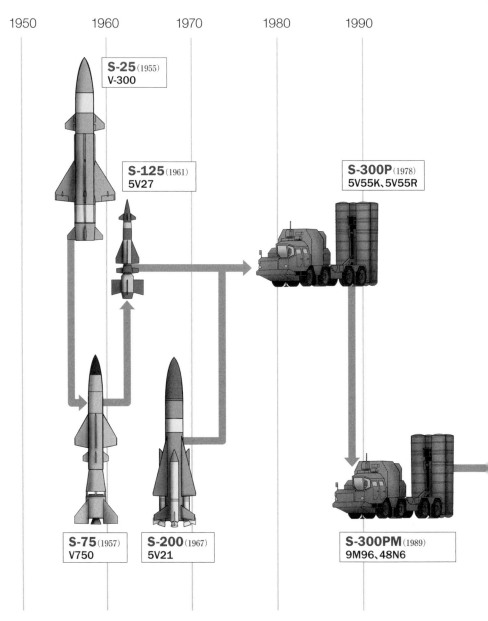

1950　　　1960　　　1970　　　1980　　　1990

S-25（1955）
V-300

S-125（1961）
5V27

S-300P（1978）
5V55K、5V55R

S-75（1957）
V750

S-200（1967）
5V21

S-300PM（1989）
9M96、48N6

戦略（国土）防空システムの系譜

■カッコ内は制式採用の年を示す。また、あわせて運用するミサイルも表記した。

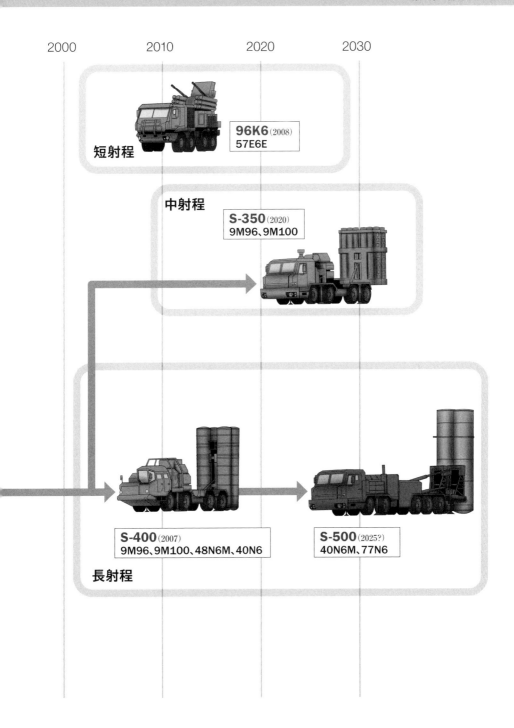

2000　　　　2010　　　　2020　　　　2030

短射程

96K6(2008)
57E6E

中射程

S-350(2020)
9M96、9M100

S-400(2007)
9M96、9M100、48N6M、40N6

S-500(2025?)
40N6M、77N6

長射程

3-2 戦術（野戦）防空システム

■ミサイルと機関砲を組み合わせた多層的防空システム

　本章冒頭でも述べたように、ソヴィエトでは陸軍が運用する野戦防空システムについても、他国を圧倒する量を装備していた。これは、欧州正面でNATOと対決する際に、合衆国空軍を中心とした圧倒的な航空戦力のもとで自軍を活動させる必要があったからだ。本シリーズの『戦車・装甲車編』で解説した縦深作戦理論を実現するためには、敵の航空戦力を撥ね退ける必要がある。

　縦深作戦理論に基づいて、砲兵火力がさまざまな距離の火砲を多層的に運用していたように、野戦防空システムにおいても、さまざまな射程の防空システムを多層的に運用していた。長射程・中射程・短射程の地対空ミサイル、そしてもっとも内側には高射砲、といった具合だ。この考え方が功を奏した例のひとつが第4次中東

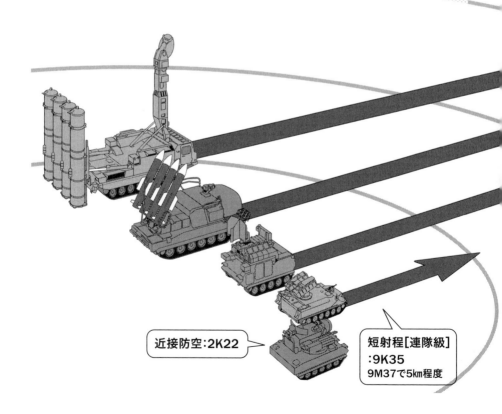

近接防空:2K22

短射程［連隊級］
:9K35
9M37で5km程度

戦争（1973年）だ。地対空ミサイルを避けて低空を飛行したイスラエルの戦闘機をアラブ側のZSU-23-4対空自走砲が迎え撃った（アラブ諸国はソヴィエト式の装備を導入していた）。アラブ側の戦闘機に対して無敵とも言える圧倒的な優勢を誇ったイスラエル戦闘機が、この機関砲式の自走砲にばたばたと撃墜されたことで、「ミサイル時代に機関砲なんて」と嗤っていた人たちを蒼ざめさせた。このように、多層的な防空システムとすることで、単独で運用するよりもはるかに有効に活躍できるようになるのだ。

長射程[方面軍級]：S-300V
9M83で72km程度、9M82で100km程度、
9M83M／9M82Mで200km程度

中射程[軍級]：9K37
9M38で35km程度、9M317で50km程度

短-中射程[師団級]：9K330
9M330で12km程度

ソヴィエト軍の多層的防空システム

ソヴィエト連邦軍は射程の異なる防空ミサイル、そして近接防空用の対空機関砲を多層的に運用していた。こうした防空兵器運用の考え方は、ヴェトナム戦争や中東戦争で西側兵器を相手に大きな効果をあげた。イラストは冷戦末期におけるソヴィエト防空兵器の多層的運用をあらわしたもの。

■機関砲装備の野戦防空システム

　まず、もっとも短射程の自走対空砲から説明する。形式番号の頭につく「ЗСУ [ZSU]」は、「Зенитная（対空）Самоходная（自走式）Установка（装備）」の略で、続く数字が対空砲の口径、最後の数字が砲身の数となっている。

　最初に登場した「ЗСУ-57-2 [ZSU-57-2]」は、比較的大口径の57mm砲を2門搭載していたが、レーダーを持たず、発射速度が遅く（各砲、最大毎分100〜120発）、さらに天井の無いオープントップ砲塔は核戦争時代に不適合と判断され、900輌に満たず生産が打ち切られた。後継の「ЗСУ-23-4 [ZSU-23-4]」は、23mm機関砲4連装として発射速度を上げつつ（毎分3,400発）、レーダーを搭載し、自動／半自動モード [※4] での射撃も可能とした。その威力は前述した通りである。ZSU-23-4は6,500輌も製造された。

　ZSU-23-4の後継として開発された「2К22 [2K22]」（複合体名称、車輌としては「2С6 [2S6]」）は、30mm機関砲と対空ミサイルを組みあわせた文字通りの対空“複合体”だ。ミサイルを搭載したのは、対戦車ミサイルを装備したヘリコプターにアウトレンジされないためである。この機関砲＋ミサイル混載形式はソヴィエト

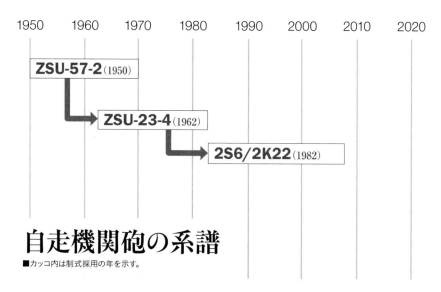

自走機関砲の系譜

■カッコ内は制式採用の年を示す。

※4：操作員が目標に手動で照準をあわせ続ける必要があるものが半自動モード、照準線を計算機があわせてくれるものが自動モード。

ZSU-57-2

57mm砲を2門搭載するオープン
トップ型の自走対空砲。核戦争
下では乗員の防護に問題がある
と判断された（写真：マガタマ）

ZSU-23-4

23mm機関砲を4門搭載し、
毎分3,400発の発射速度を
実現している。第4次中東戦
争でアラブ軍が使用しイス
ラエルを苦しめた
（写真：多田将）

2K22

30mm機関砲2門に加えて9M311地
対空ミサイルの4連装発射機を左右
に備えた対空"複合体"
（写真：多田将）

では好まれていて、艦艇の近接防御火器や、S-300の解説でも述べた96K6にも採用されている。

　自走対空砲で特筆すべきは、航空機だけでなく、ビルや山岳地帯などの高所にいる敵歩兵に対しても用いられ、その面でも非常に有効な兵器であることを証明したことだ。アフガニスタンやチェチェンで得た、これらの戦訓から、戦車支援戦闘車輌BMPTは対空砲並みの高仰角の機関砲を搭載している（『戦車・装甲車編』第3章参照）。

■対空ミサイルによる野戦防空システム

　機関砲より遠い空域を担当するのが地対空ミサイルだが、火砲が軍の階層ごとに射程の異なるものを運用していたように、地対空ミサイルも同様の構成となっている。まず、大隊の装備は歩兵が携行するミサイルで、これは本書では省略する。連隊より上の装備は専用の車輌に搭載される。

◇連隊の野戦防空システム

　系譜図（80ページ）の一番上、「9K31［9K31］」と「9K35［9K35］」が、連隊が装備する車輌だ。どちらも誘導方式はIRHだが、9K31は目標が発した赤外線を追う通常の方式ではなく、「フォトコントラスト（фотоконтраст）式」と言って、目標を捉えた映像のうち目標部分が、それ以外の空の部分とは赤外線の分布が異なること（映像内の目標と背景のコントラスト）を利用した凝ったものだ。9K35は、フォトコントラスト式と通常のIRHの併用になっている。

◇師団の野戦防空システム

　「9K33［9K33］」とその後継の「9K330［9K330］」が師団の装備である。ここからは電波誘導（指令誘導）式となっている。9K330では、ミサイルが垂直発射式となり、ミサイルとレーダーを巨大な砲塔に収めて旋回できるようになっている。

　それぞれの艦載型があり、9K33の艦載型が4K33、9K330の艦載型が3K95である。ともに短射程の個艦防空システムとして多くの艦艇に搭載されている ［※1］。また、9K330は2020年1月8日に発生したイラン革命防衛隊によるウクライナ航空752便撃墜事件 ［※5］ で使用されたことが知られている。

※5：テヘラン発キエフ行きのウクライナ航空752便が、イラン革命防衛隊（イランの軍事組織のひとつ）により撃墜された事件。乗客乗員176名全員が死亡。

9K31

9K35

9K33

9K330

2K11

2K12

（このページの写真：多田将）

9K37

9K37は通常、指揮車輌、目標捕捉レーダー、レーダー搭載起立式発射車輌（TELAR）、再装填車両でチームを組んで運用されるシステム。写真はTELARである9A310（写真：多田将）

S-300V

戦略防空の節で解説したS-300の野戦版。野戦のため装軌化されている（写真：鈴崎利治）

　ここまでの地対空ミサイルシステムは、3-1節で紹介した防空軍のシステムが、指揮処、レーダー、発射機で別々の車輌に分かれた重厚なものであったのと対照的に、それらがひとつの車輌にまとめられており、最前線で使う兵器に相応しいコンパクトなものとなっている。

◇軍／方面軍の野戦防空システム

　やや長射程の「2K11［2K11］」と、やや短射程の「2K12［2K12］」が1960年代に開発された。連隊用や師団用より射程が長くなった分、ミサイルが大きくなり、発射車輌に剥き出しで搭載されている。

　2K12の後継が「9K37［9K37］」で、登場以来脈々と改良を続けられ、現在でも9K330とともにロシア軍の主力地対空ミサイルとなっている。なお、9K37は2014年7月17日にウクライナ東部で起きたマレーシア航空17便撃墜事件 [※6] で使用されたと言われている。9K37の後継が「9K317M［9K317M］」で、9K37と同系列（改良型）のミサイルを発射コンテナに収納した状態で車輌に搭載している。

　野戦防空システムでもっとも射程が長いものが、前節で登場したS-300の野戦版である「C-300B［S-300V］」だ。改良型のS-300VMでは、射程は200kmにもおよぶ。戦略防空用のS-300Pと違い、さまざまな戦場に対応できるよう、指揮車輌、レーダー車輌、発射車輌など、すべて装軌式である。また、使用するミサイルもS-300Pとは異なるが、こちらのミサイルも弾道弾（中距離弾道弾まで）を迎撃できる。なお、戦略防空用や艦載用と異なり、S-400やS-500の野戦用は開発されていないので、しばらくはS-300Vの改良型を運用することとなるだろう。

※6：アムステルダム発クアラルンプール行きのマレーシア航空17便が、ウクライナ上空にて撃墜された事件。事件の発生したウクライナ東部は、当時、ロシアが支援する分離独立派武装勢力とウクライナ軍とのあいだで紛争が生じており、17便はウクライナ軍の軍用輸送機と誤認され、分離独立派勢力に撃墜された。乗客乗員298名全員が死亡。

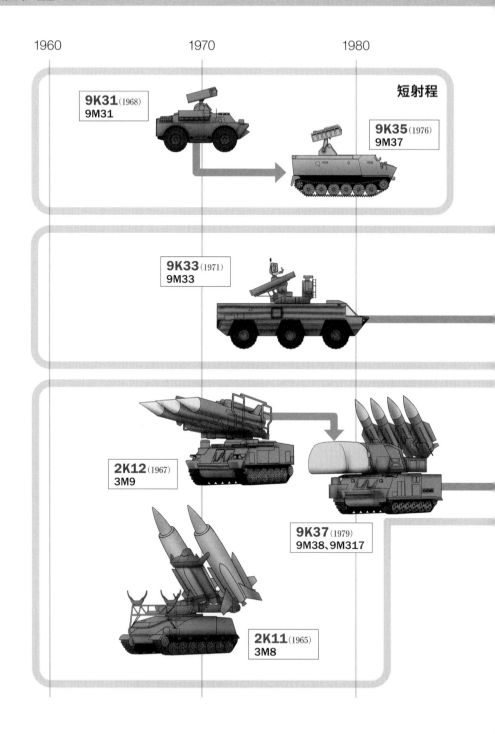

1960　　　　1970　　　　1980

短射程

9K31(1968)
9M31

9K35(1976)
9M37

9K33(1971)
9M33

2K12(1967)
3M9

9K37(1979)
9M38、9M317

2K11(1965)
3M8

1990　　　　　2000　　　　　2010　　　　　2020

戦略(野戦)防空システムの系譜

■カッコ内は制式採用の年を示す。また、あわせて運用するミサイルも表記した。

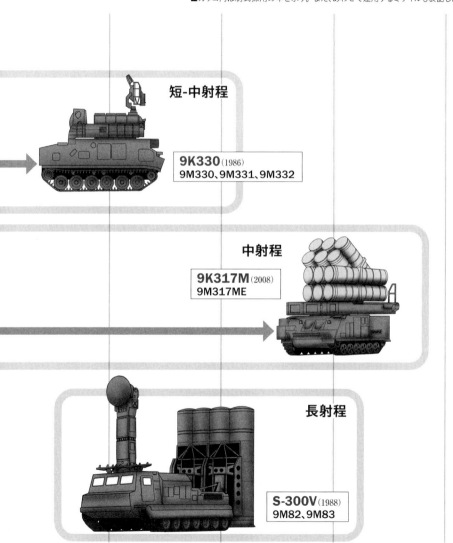

短-中射程

9K330（1986）
9M330、9M331、9M332

中射程

9K317M（2008）
9M317ME

長射程

S-300V（1988）
9M82、9M83

3-3 弾道弾防御システム

■ "最後の審判の日" に備える究極の防空システム

　本章の最後に、弾道弾防御システムについても触れておきたい。弾道弾防御は、我が国では比較的近年になって話題になったために新しい兵器であるように思う人が多いかもしれないが、ソヴィエトでは1970年代からずっと実戦配備されてきた。ただし、それは現代のように弾道弾の弾頭（再突入体）に迎撃体を衝突させる直撃式ではなく、弾頭付近で迎撃ミサイルに搭載した核弾頭を爆発させ、その核爆発によって敵の弾頭を無力化するものだ。また、すべての防御システムは弾道弾のターミナル・フェイズ [※7] で迎撃することを想定していた。このシステムは国内で唯一、首都モスクワに配備されており [※8]、23ページのコラムに記載したように、ソヴィエト時代には戦略任務ロケット軍、現在は航空宇宙軍に配属されている（巻末の編制一覧の第1特別任務対空対ロケット防衛軍に所属する第9対ロケット防衛師団が、これに該当する）。

　この防御システムは、迎撃体とそれを誘導する地上のレーダー基地から成るが、系譜図の通り、それぞれの世代で両者がペアになっている。なお、レーダーには河川の名前がつけられている。最初に開発された迎撃システムは「A [А]」（一文字のみの名称）だ。レーダーは「Дунай [ドゥナイ（ドナウ）]」と呼ばれ、1960年代には弾道弾迎撃の試験に成功しているが、実戦配備されなかった。最初に実戦配備されたのは「A-35 [А-35]」で、その後改良型のA-35M、A-135へと進化していく。冷戦期最後に開発された迎撃システムA-135（試験運用開始は1990年、制式採用は1995年）では、長射程の「51T6 [51T6]」と短射程の「53T6 [53T6]」の2種の迎撃体を組み合わせて配備した。

　地表への激突直前であるターミナル・フェイズでの迎撃のため、迎撃体の加速はどの対空ミサイルよりも凄まじく、53T6ではマッハ17（！）とも言われる最高速度に達するまで、わずか4秒、迎撃高度の30kmに達するまで、わずか6秒である。現時点（本稿執筆時点）で、ターミナル・フェイズの大陸間弾道弾を迎撃できるのは、世界中を見てもA-135だけである [※9]。

※7：弾道弾の飛翔は、ブースト・フェイズ（発射後のエンジンの推力による上昇段階）、ミッドコース・フェイズ（エンジンの燃焼が終了し、宇宙空間を重力に引かれて飛行している段階）、ターミナル・フェイズ（大気圏に再突入し、目標に向けて落下している段階）の3段階から成る。詳しくは拙著『ソヴィエト連邦の超兵器 戦略兵器編』（ホビージャパン刊）ならびに『兵器の科学1　弾道弾』（明幸堂）を参照。

※8：首都モスクワだけに配備されたのは、米国とのあいだで結ばれた弾道弾迎撃ミサイル制限条約により、この種の兵器の配備場所は両国とも一箇所ずつに制限されたからである。なお、米国はノースダコタ州の大陸間弾道弾発射基地に配備した。

※9：米軍が配備している戦域高高度迎撃ミサイル「THAAD」は中距離弾道弾までに対応した迎撃システムであり、また同じく米国が配備している大陸間弾道弾を迎撃する「GMD」はミッドコース・フェイズでの迎撃システムである。

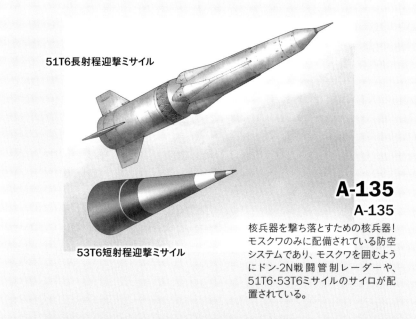

51T6長射程迎撃ミサイル

53T6短射程迎撃ミサイル

A-135
A-135

核兵器を撃ち落とすための核兵器！モスクワのみに配備されている防空システムであり、モスクワを囲むようにドン-2N戦闘管制レーダーや、51T6・53T6ミサイルのサイロが配置されている。

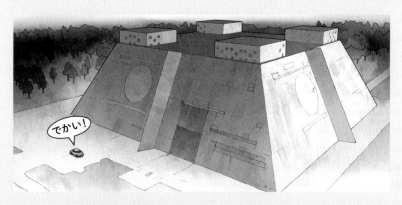

でかい！

ドン-2N戦闘管制レーダー

モスクワの北方、サフリナ近郊の森のなかに存在する、144m四方、高さ33mの巨大構造物（130m四方、高さ35mとも）。国内の広範囲な早期警戒レーダーネットワークが捕捉した弾道弾の追跡データに基づき、最終的な迎撃を管制する。

　A-135で運用されるレーダーは「Дон-2Н［ドン-2N］」だ。このドン-2Nは、1994年に米国と共同で行われた、大気圏外に放出した物体を検出する実験において、米国側が検知できなかった2インチ（5cm）球を、高度350km、距離800kmで検知し、距離1,500kmまで追尾し続けた。また、同レーダーは100目標を同時追尾可能である。ロシアは新型の迎撃システム「A-235［A-235］」を現在開発中だが、この優秀なレーダーは引き続き使用されるようだ。A-235では、長射程・中射程・短射程の3種の迎撃体を使うが、このうち長射程のものは射高800kmで、ミッドコース・フェイズでの迎撃となる。また、A-235は核弾頭だけでなく直撃式の通常弾頭も使われると言われている。

　ソヴィエト／ロシアの弾道弾防御システムは、いわば“最後の審判の日の、究極の砦”であり、これからもロシアの防空システムにおいて、極めて重要な役割を担い続けるだろう。なお、弾道弾防御システムに敵の弾道弾の情報を送る早期警戒衛星と早期警戒レーダーについては、拙著『兵器の科学1　弾道弾』（明幸堂）をご一読いただきたい。また、これを管理するのが、巻末編制一覧記載の第15特別任務航空宇宙軍に所属する第820ロケット攻撃警告メインセンターである。

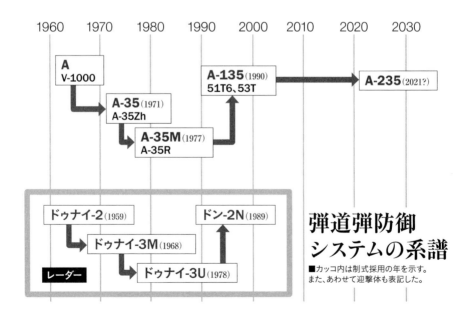

弾道弾防御
システムの系譜

■カッコ内は制式採用の年を示す。
また、あわせて迎撃体も表記した。

第4章
攻撃機と爆撃機

写真：Ministry of Defence of the Russian Federation

Tu-95爆撃機。対米用の戦略爆撃機として開発され、現在も巡航ミサイルキャリアーとして運用が続いている
（写真：Ministry of Defence of the Russian Federation）

地上を圧倒する空からの攻撃

　第2章で紹介した戦闘機で空を制したならば、その次はいよいよ、その空からの攻撃である。人類の歴史上、もっとも恐れられた攻撃だ。砲撃が数kmから数十kmの射程しかないのに対して、航空攻撃の場合は数百kmから数千kmと、ケタ違いに「足」が長い。加えて、1回で運べる量も多い。現在、西側標準の155mm榴弾砲の砲弾重量は50kg程度だが、世界最大の爆撃機の搭載量は40トンで、これは砲弾800発分に相当する。しかも航空機の移動速度は地上や水上の部隊より、桁1つから2つぶん速いので、一方的に殴れるという有利さもある。空を制することを第一とするのは、こういった理由から来ている。

　航空攻撃には、戦略的なものと戦術的なものとがある。前者は戦場を通り越して、直接敵の中枢を攻撃するもので、航続距離が長く、搭載量の大きな爆撃機に適した任務である。一方、後者は爆撃機でもその威力を発揮するが、小回りの利く小型の攻撃機（ロシアではこれも爆撃機と呼ぶ）のほうがよい場合もある。前線からのリクエストに即応で対処しようとするなら、前線近くの飛行場から運用するのが望ましく、そうした飛行場は大型の爆撃機の運用に適さない場合もあるからだ。本章では、おもに前者を行う「爆撃機」と、おもに後者を行う「攻撃機」とに分けて解説するが、最初に、それらの搭載兵器のうち、もっとも重要な誘導兵器の解説から始める。

4-1 誘導兵器

■ピンポイント爆撃

　40代以上の読者なら、1991年の湾岸戦争を記憶している方も多いだろう。あの戦争では戦場の映像がリアルタイムにテレビで報道され、著者などはそれまでの戦争報道とはずいぶん違うと感じたものだった。この一連の報道を通して、日本人のあいだで流行った言葉がある。それは「ピンポイント爆撃」なるものだ。要するに誘導兵器による精密爆撃を指したものだが、この精密爆撃が、前述した報道とあいまって、いかにも近代的な戦争の幕開けをイメージさせた。

　しかして、その実態はと言えば、使われた誘導兵器はすべての空対地兵器のうちのわずか８％でしかなかったし、その命中率も50％程度にとどまり、「ピンポイント」と言うには、少々お寒い状態だったのだ。しかし、その12年後のイラク戦争（2003年）では、使われた全空対地兵器に占める誘導兵器の割合は68％にもおよび、命中率も大幅に向上した。イラク戦争からも20年が経過した現在においては、特に西側で目標以外の周辺被害を最小限に抑えることが人道的に当然であるとされるようになってきたこともあり、航空攻撃において誘導兵器の使用は不可欠とも言えるまでに普及した。

■地上目標を狙う誘導兵器

　第１章で、空対空ミサイルの誘導方式についてお話ししたが、ここでは地上の施設や艦艇を標的とした誘導兵器（空対地／空対艦ミサイルおよび誘導爆弾[※1]）で使われる誘導方式について解説する。これら目標は、まったく動かないか、動いても航空機よりケタ違いに遅い。となると、空対空ミサイルに比べて誘導が格段に簡単か……と思いきや、必ずしもそうではない。ほとんど何の障害物もない空に浮かぶ航空機に向けて誘導するのに対し、周囲にいろいろな物体や施設、起伏ある地形に囲まれたなかの標的を狙い撃ちにしなければならず、また発射母機から直接見ることのできない地平線や水平線の向こう側の標的に対して誘導しなければならないからだ。

　また、射程が長い誘導兵器などは、飛行経路上と標的の直前とで、誘導方式を切り替える必要がある場合も多い。たとえば1-3節で解説した「電灯を照らす」方法は、精度は良いが近くでないと充分に明るく照らせない。一方で、弾道弾に使わ

※1：誘導爆弾とは、誘導装置を取り付けた爆弾のこと。ミサイルと異なり爆弾は推進装置が無く、自由落下することしかできないが、誘導装置の信号に合わせて可動するフィンなどを取り付けることで姿勢を制御し、高い精度で目標に命中する。

れる慣性航法は、地球の裏側にまで飛ばす場合でも使えるが、精度はとても「ピンポイント」とは言えない。それぞれの方法に一長一短があるため、たとえば「途中までは慣性航法で飛行し、標的の直前で電波誘導に切り替える」場合もある。このとき、慣性航法の部分を「中間誘導」、電波誘導の部分を「終末誘導」と言う。

■対地／対艦誘導兵器の終末誘導

◇パッシヴ・レーダー・ホーミング

　終末誘導にはいくつかの方式がある。指令誘導、SARH、ARH、IRHについては、1-3節で説明したので省略する。電波誘導で、もうひとつ覚えておきたいのは、「パッシヴ・レーダー・ホーミング（Passive Rader Homing、PRH）」だ。

　これは、敵がこちらの探索するためにレーダーを使用していることを逆手にとって、そのレーダーの発信源に向かっていく方式で、これを用いたミサイルは対電波放射源ミサイルと呼ばれる。「電波放射源」とはもちろんレーダーのことだ。敵のレーダー基地などを制圧するときの主たる兵器だ。

◇セミ・アクティヴ・レーザー・ホーミング

　電波や赤外線でない電磁波を使う誘導方式としては、レーザーと可視光を使ったものがある。レーザー誘導は、電波の代わりにレーザーを使うもので、電波誘導と同じく、「指令誘導」方式と、発射母機（攻撃機や爆撃機）などが発振したレーザーが目標に反射した反射光を頼りに目標に向かう「セミ・アクティヴ・レーザー・ホーミング（SALH））」方式がある（レーダー波の反射波を利用した「セミ・アクティブ・"レーダー"・ホーミング、SA "R" H」と名前が似ているので注意）。

　後者のSALHについて「レーザー誘導ならでは」の運用として、誘導レーザーを発振するのが、発射母機だけでなく、地上の友軍である場合もある。つまり、レーザー発振器を持った歩兵が、目標に接近してレーザーを照射する。目標を詳細に観察できるため、識別の精度が極めて高くなり、「もっとも望ましい標的」に攻撃を加えることができる。もともと、地上目標への航空攻撃は、地上で戦う友軍を支援する目的で行われる場合も多く、そのときは、まさにその友軍が自分の目の前の敵をレーザー照射して「こいつを攻撃してくれ」と指定することになる。現在、レーザー誘導は空対地兵器の誘導方式の主流となっている。前述したイラク戦争では、米軍により使用された空対地誘導兵器のうち、49％がレーザー誘導式である。

対地誘導兵器の終末誘導

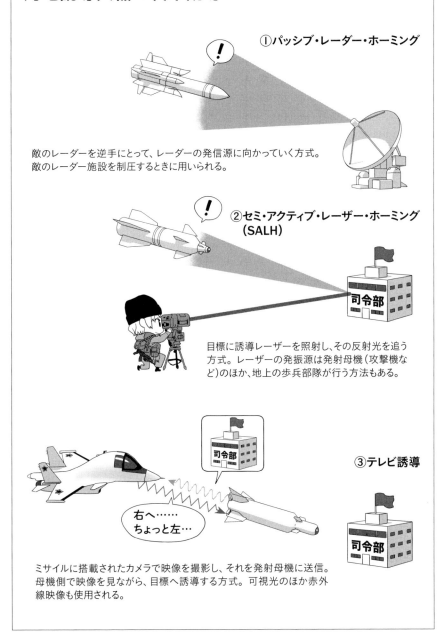

①パッシブ・レーダー・ホーミング

敵のレーダーを逆手にとって、レーダーの発信源に向かっていく方式。
敵のレーダー施設を制圧するときに用いられる。

②セミ・アクティブ・レーザー・ホーミング（SALH）

目標に誘導レーザーを照射し、その反射光を追う
方式。レーザーの発振源は発射母機（攻撃機な
ど）のほか、地上の歩兵部隊が行う方法もある。

③テレビ誘導

右へ……
ちょっと左…

ミサイルに搭載されたカメラで映像を撮影し、それを発射母機に送信。
母機側で映像を見ながら、目標へ誘導する方式。可視光のほか赤外
線映像も使用される。

◇テレビ誘導

可視光を使ったものとしては「テレビ誘導」がある。ミサイルに搭載されたカメラで前方（進行方向）の映像を撮影し、それを発射母機に送信する。発射母機側でその映像を確認し、ミサイルが正しく目標に向かうよう、指示を出す（つまり操作する）方式だ。可視光カメラ以外に赤外線カメラを使うものもあり、これだと夜間でも使うことができる。

また、ミサイル自身が映像の明暗のコントラストを読み取って目標を識別し、自分で判断して向かっていく方式もある。この方式を特に「光学コントラスト式」と呼んで前記のテレビ誘導とは区別している国もある（米軍はそうである）。赤外線によるコントラスト式は、「赤外線画像誘導（Imaging InfraRed Homing、IIRH）」と呼ばれる。空対空ミサイルの赤外線誘導式ミサイルも、最近はIIRHが多くなってきている。

■対地／対艦誘導兵器の中間誘導（航法）

◇地形等高線照合

空対地ミサイルでも最長の射程を誇る巡航ミサイルは、まさに無人航空機のように、ある高度を保って水平飛行する。この飛行において、速度よりも発見されにくいことを優先するならば、地表近くを這うように飛行するのが望ましい。高度が低いほど、接近するギリギリまで、敵のレーダーから見て「地平線の向こう」に隠れることができるからだ。これに最適の誘導方式（航法）が、「地形等高線照合（TERrain COntour Matching、TERCOM）」だ。

まず、ミサイルはあらかじめ飛行経路の地図（標高地形図）を持っておく。そして発射後、飛行しながら地面との距離を計測し、その地図に照らし合わせながら、経路を判断し地面との距離を保って飛行する。米国のRGM-109／UGM-109トマホークやAGM-86、ソヴィエトのKh-55（および艦艇発射用の3M10や3M14）、ロシアのKh-101／102などがこの方式である。

◇ディジタル風景照合エリア相関

同じ「地形を読む」方法でも、単なる標高だけよりも、その姿を画像として捉えたほうが、より正確に把握できる。その考えの下に、飛行中に撮影した映像を、あらかじめ持っていた飛行経路に沿った画像と比較しながら自分の位置を確かめる方法が、「ディジタル風景照合エリア相関（Digital Scene Matching Area Correlator、

対地誘導兵器の中間誘導

①地形等高線照合

地面との距離を計測し、あらかじめプログラミング
された地形（標高）データと比較することで、ミサイ
ルが自分の位置や行くべき方向を判断する方式。

②ディジタル風景照合エリア相関

あらかじめ飛行経路上の地形写真をインプットすることで、
ミサイルが目の前の景色から、自分の位置や行くべき方向
を判断する方式。

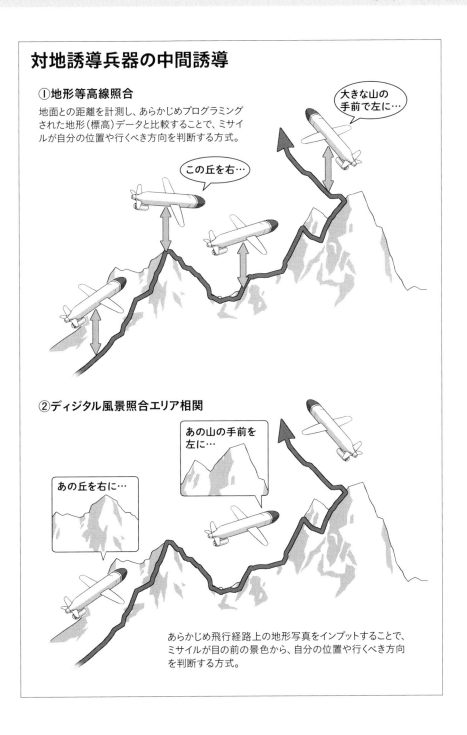

DSMAC）」だ。この原理自体は1950年代には既に考えられていたものだが、高速で画像処理する計算機を必要とするため、実用化されたのはもっとも進んだ米国ですら1980年代だった。以後、対地巡航ミサイルには、TERCOMを補完する形でDSMACが併用され、精度を一層高めている。

◇衛星航法

　1990年代より人工衛星による測位システムが実用化されるようになり、カー・ナヴィゲイションなど、多くの人がその恩恵に浴するようになって久しい。ロシアでは「ГЛОНАСС［GLONASS］」が、米国ではGPSが、それぞれ運用されている。これを利用すればメーター単位の精度で位置を識別できるので、移動しない地上目標を狙うのにはきわめて有効な手段である。

◇慣性航法

　そしてあらゆる航法の基本となる慣性航法についても触れておく。これは、自分が進んだ距離と方向を憶えておいて、それを加算していくことで、自分の現在位置、ならびに目標との位置関係を把握するものだ。これは完全に自己完結した航法なので、外部からの情報を得る必要がなく、妨害にも強い。これに使われるのが加速度計（加速度を時間で2回積分すると距離になる）とジャイロスコープで、もともとはそれらがジンバルと呼ばれる多軸式の回転台に載せられていた。そのため、かつては非常に大きく、ミサイルであれば弾道弾のように巨大なものにしか搭載できなかった。

　しかし、ジャイロスコープも機械式からレーザー式に、ジンバルも廃して回転分は計算処理で補正するようになり、そしてそれらを構成する電子部品が大幅に小型化されたことにより、小型のミサイルにも気軽に搭載できるようになった。そのため、衛星航法とともに今やあらゆるミサイルの標準装備となっており、より精度を高めるために上記のほかの誘導方式をさらに追加する、という形になっている。

■形式番号の命名ルール

　ソヴィエト／ロシアでは、航空機に搭載する爆弾は「航空爆弾（Авиационная Бомба）」の頭文字をとって「АБ-〇〇［AB-〇〇］」の形式番号が付けられる（〇〇の部分には、爆弾のだいたいの総重量が入る）。そして、爆弾の種類によって、ABの前にさまざまな記号が添えられるが、誘導爆弾の場合は「軌道修正可能な航空爆

弾（Корректируемая Авиационная Бомба）」の頭文字から「КАБ-〇〇［*KAB-〇〇*］」と表記する。

　一方で、ミサイルを含めて、誘導方式については形式番号の末尾にアルファベット一文字を加える。レーザー（Лазер）誘導は「Л［*L*］」、テレビ（Телевидение）誘導は「Т［*T*］」、衛星（Спутник）誘導は「С［*S*］」、アクティヴ（Активный）・レーダー・ホーミングは「А［*A*］」、パッシヴ（Пассивный）・レーダー・ホーミングは「П［*P*］」、などである。

　たとえば「500kg のレーザー誘導爆弾」は「KAB-500L」、Kh-29空対地ミサイルのレーザー誘導型は「Kh-29L」、同じくテレビ誘導型なら「Kh-29T」、またKh-31対艦／対レーダーミサイルのARH型は「Kh-31A」、PRH型は「Kh-31P」といった感じだ。

■誘導兵器の運用

　誘導兵器の運用については、国によって好みが分かれている。米国は誘導爆弾が多く、ソヴィエトはミサイルが多い。両者の違いは、加速するロケット／エンジンがついているかどうかだが、この機構がなければ、そのぶん多くの爆薬を搭載できる。航空機は高速で飛行しているため、搭載された弾薬は投下された時点で相当な初速を持っており、その意味では必ずしもロケット／エンジンは必要ではないと言える。

　しかし一方で、超音速飛行をしたり、地を這うような特殊な経路を飛行したりするなどの場合、または長射程が必要な場合には、推進力（ロケット／エンジン）が必要となる。

4-2 攻撃機

■航空阻止攻撃

　まず、戦場で戦術的攻撃を担う攻撃機から解説する。実はこの手の機体は、西側のほうがむしろ積極的に運用してきた歴史がある。本シリーズ『戦車・装甲車編』で見た通り、NATOはソヴィエトの圧倒的な地上戦力を相手にせねばならず、そのためには、まず航空攻撃でその力を削ぐことから始める必要があったからだ。そして彼らは、敵の地上部隊や支援部隊の動きを止める「航空阻止攻撃」に、核兵器を用いる物騒な戦法まで考えていた。実際、地上を埋め尽くすような冷戦期のソヴィエトの大部隊を喰い止めるのに、通常の爆弾では追いつかなかったであろう。一方のソヴィエトでも、NATO地上軍に対する阻止攻撃を行うための攻撃機が求められていた。

■スホーイ設計局の攻撃機

◇戦闘機型から発展した攻撃機 Su-7／Su-17

　迎撃機の開発で主役となったスホーイ設計局だったが、攻撃機の分野でもやはり主役を務めた。その系譜の最初は2-1節でお話しした、Su-9の兄弟機「Cy-7［*Su-7*］」である。この両機は、主翼以外は双子のようにそっくりだ（同一の胴体を基本として、デルタ翼を取り付けたのがSu-9、後退翼を取り付けたのがSu-7）。しかし、Su-9が迎撃機として活躍したのに対して、Su-7は戦闘機型が少数生産されたあと、攻撃機型のSu-7Bへと生産が移行した。その任務はSu-9と真逆で、敵の地上部隊に阻止攻撃を喰らわすことだった。このとき、地上からの反撃をかわすため、超音速で戦場を駆け抜ける必要があり、Su-7が持つ高速性能はとても有用だったのである。

　Su-7の欠点は、高速性能を追求したために、搭載量が少なく、航続距離も短く、そして離陸滑走距離が長いことだった。西側であれば失敗兵器の烙印を押されているところだ。ソヴィエトでも、これを改善する必要を感じたようで、同機を可変後退翼化することを計画したが、もともとそういう意図なく設計された機体を主翼だけ可変にすることは、空力的に大きな冒険であった。そこでスホーイ設計局が行った改造は、主翼のうち「外側だけを可変にする」というものだった。つまり、小さな冒険に止めたわけだが、この改修は大成功をおさめる。これが「Cy-17［*Su-17*］」である。Su-17は3,000機近くも生産され、ソヴィエト航空攻撃力の一角を担う、

Su-7
Cy-7

戦闘機Su-9とは、同一の機体をベースにした兄弟機。わずかに戦闘機型が製造されたが、すぐに攻撃機型へ移行した。もとが戦闘機であったため、高速性能には優れていたが、搭載量や航続距離、離陸滑走距離に難があった。

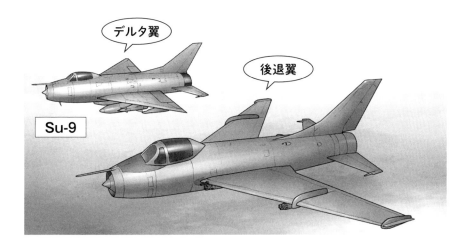

デルタ翼

後退翼

Su-9

Su-17
Cy-17

Su-7が抱えていた問題を解決するため、可変後退翼化されたもの。ただし、手間のかかる主翼の全面変更を避けて、主翼の「外側だけを可変にする」という独特の構造が生みだされた。

主翼の外側のみ可変後退翼

重要な攻撃機となった。また、Su-17の輸出型であるSu-20とSu-22は、11か国に輸出されている。

◇「ソヴィエト版F-111」とも揶揄された可変後退翼機Su-24

　Su-7を可変後退翼化する一方、まったく新しい攻撃機も開発された。これは当初、機体の中央にリフトエンジン（離昇用エンジン）を搭載する機体も試作された。離陸時に機首を上向きにして、滑走距離を短くしようという考えだったが、最終的に本格的な可変後退翼機となって登場した。これが「Cy-24［Su-24］」だ。

　Su-24は、Su-17の後期生産型（Su-17M）が搭載したAL-21Fエンジンを双発にした大型の機体に、大型のレーダーを搭載した複座機だったが、その座席は真横に並ぶ方式だった。この着座方式や可変後退翼などが、米国の攻撃機であるF-111に似ていたことから、西側では「ソヴィエト版F-111」と揶揄されている。しかし、両機はまったく異なる機体である。

　同機は、可変後退翼の採用と、機内燃料を10トン近くまで増量させたことで、航続距離は3,000kmまで延びた（Su-7で1,130〜1,650km、Su-17で1,900〜2,300km）。また、兵器の搭載量も7トンと大きく（Su-7で1〜2トン、Su-17で2.5〜3トン）、西側基準で見ても恐るべき性能の攻撃機となった。

Su-24
Cy-24

本格的な可変後退翼を採用した戦闘爆撃機。横並びに座るコクピットの構造は、同時代の米国の戦闘爆撃機、F-111と比較されることが多い。この座席配置はSu-34に引き継がれた。

Su-27をベースに並列複座を設けたSu-34。アヒルの口のように横長の機首が特徴
（写真：Ministry of Defence of the Russian Federation）

◇30年越しの開発により2010年代に採用 Su-34

　Su-24の後継には、Su-27の攻撃機型である「Cy-34［Su-34］」が選ばれた。これはもともと「Cy-27ИБ［Su-27IB］」として1986年から開発されていたもので（初飛行は1990年）、艦上機型のSu-33に並列複座の機首を取り付けたようなシルエットをしている。このため機首はアヒルの口のように横長で、最端部に搭載されるフェイズド・アレイ・レーダーのアンテナ面も横長の楕円形だ。「ИБ［IB］」とは、戦闘爆撃機（Истребитель-Бомбардировщик）の略である。

　第2章で紹介したように、もともとのSu-27が大きな搭載量と長大な航続性能を持った極めてポテンシャルの高い機体であったために、その攻撃機型のSu-34も高い能力を有している。このあたりは優れた大型戦闘機であるF-15が優れた攻撃機F-15Eと成り得たのと同様だ。機内燃料だけで4,500kmにも及ぶ航続距離や、最大12トンにも及ぶ兵器搭載量のいずれも、Su-24をはるかに凌ぐ。また、Su-27譲りの高い空戦能力も備えており、敵戦闘機と戦えるため、護衛戦闘機なしでも作戦に参加できる。一方で、コックピットは17mm厚の装甲で覆われており、このあたりは攻撃機らしさを感じさせる。

　しかし、運悪く経済が混迷した暗黒の90年代に開発時期が重なったために開発が進まず、2000年代になってようやく本格的に開発が行われるようになった。2006年に生産型が初飛行し、2014年に制式採用となった。実に30年越しの計画である。採用後は生産が進んでおり、Su-24を更新するかたちで配備が進んでいる。

■ミグ設計局の攻撃機——MiG-27

　ミグ設計局には、一から開発した攻撃機は存在しないが、可変後退翼の戦術戦闘機MiG-23（2-2節）が攻撃機として高い潜在能力を持っていた。もちろん、そのまま戦闘爆撃機として使うこともできるが、対地攻撃に特化した機体として、空対空レーダーを降ろしたタイプが登場した。それがMiG-23B／BNだ。レーダーを降ろした代わりに爆撃照準・航法装置を搭載した。B型とBN型はエンジンが異なり、B型がAL-21F、BN型がR-29Bを搭載している（エンジンの違いは性能面の理由ではなく、生産上の都合と思われる。大量生産のため2つの工場がそれぞれエンジンを生産した）。

　また、MiG-23Bの空気取入口を、可変式から固定式としたものがMiG-23BMで、のちに「МиГ-27［MiG-27］」と改称された。可変式の空気取入口は、マッハ2を超える高速では必要（2-2節）だが、攻撃機にそのような高速は必ずしも求められておらず、生産性向上と機体重量軽減、また整備性向上のため固定式に変更された。さらにBM型のエンジンをR-29Bとし、電子装備を一新したものがMiG-23BKで、こちらはのちにMiG-27Kと改称されている。

MiG-23では可変式だった空気取入口を、MiG-27は固定式とした。2-2節で解説した通り可変式空気取入口は高速で飛行する戦闘機には必要とされるが、攻撃機には必ずしも必要な機構ではないと判断された
（写真2点：多田将）

MiG-23
МиГ-23

MiG-27
МиГ-27

レーダーを外し、
爆撃照準・航法装置を搭載

可変式空気取入口を固定式に

攻撃機としての潜在的能力を備えていたMiG-23戦闘機を戦闘爆撃機に改設計したものがMiG-27戦闘爆撃機。
機首のレドームに代わり、爆撃照準器を搭載したことで顔つきが変わったよ。

■無骨で頑丈な設計に基づく地上攻撃専用機 Su-25

　みなさんは、人類の歴史上、もっとも多く生産された軍用機は何か、ご存じだろうか。第2次世界大戦期に広く各国に輸出された米国のP-47戦闘機だろうか。戦争を戦い抜いたドイツのBf109戦闘機だろうか。多くの人が花形たる戦闘機を思い浮かべるかもしれないが、正解はソヴィエトの対地攻撃機Il-2だ。その数は、なんと36,163機にもおよぶ。これは軍用機に限らず、すべての航空機を含めても2位である（第1位は民間用小型機として知られるセスナ172）。ご存じの通り、Il-2は地上部隊を攻撃するためだけに作られた近接支援攻撃機で、ロシアでは襲撃機（штурмовик、シュトルモヴィク）と呼ばれる。

　こうした機体の需要はジェット機時代に入っても失われることはなく、冷戦期に復活した襲撃機こそ「Cy-25 [Su-25]」だ。Su-25のコンセプトはわかりやすく、敵地上部隊に上空から接近して攻撃するというものだ。このため、できるだけ多くの兵器を搭載し、攻撃精度を高めるため低空を低速で飛行することが求められた。「多く」というのは、重量だけでなく、数の問題もある。搭載できる兵器の総重量はエンジン出力を含めた機体の性能で決まるが、兵器の搭載「数」は、それだけでなく、懸架する場所、つまりハードポイントの数によっても決まる。Su-25は幅の広い翼の下に10箇所ものハードポイントを備え、ミサイルやロケット、爆弾など各種の対地攻撃手段を搭載できる。当然ながら地上から対空砲などで反撃を喰らうので、機体は頑丈につくる必要があり、操縦席は最大24mm厚のチタン合金の装甲に覆われている。ある資料によれば、同機の操縦席は12.7mmから最大30mmの弾に耐えることができるとも言われている。米軍が開発した同様の機体に、日本でも人気のA-10があるが、皮肉なことにSu-25はA-10との競作に敗れた試作攻撃機YA-9によく似ている。

　その後、時代は誘導兵器による精密爆撃へと移り、この手の泥臭い攻撃機はもう出番が無くなったかと思われたが、A-10は退役の話が出るたびにそれが阻止され [※2]、Su-25にいたっては現在も戦場で活躍している。高価で高性能な兵器よりも、現場では「使いやすい」兵器が好まれるという好例と言えるだろう。

※2：A-10は、2023年度国防予算にて21機の退役が承認された。今後段階的に退役が進んでいくものと思われる。

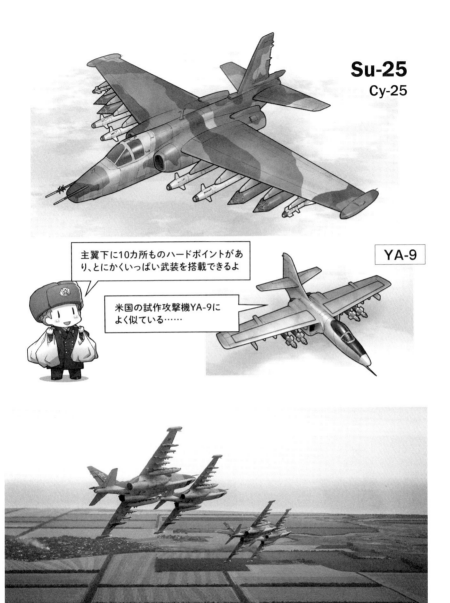

翼下に10箇所ものハードポイントを備えるSu-25（写真：Ministry of Defence of the Russian Federation）

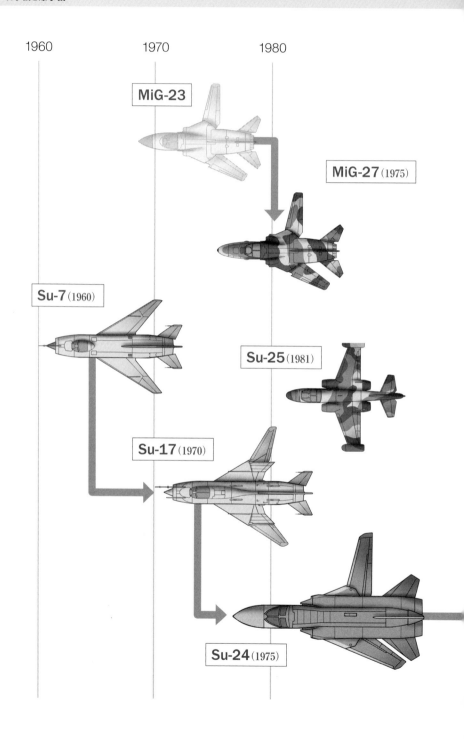

1960　　　　　1970　　　　　1980

MiG-23

MiG-27 (1975)

Su-7 (1960)

Su-25 (1981)

Su-17 (1970)

Su-24 (1975)

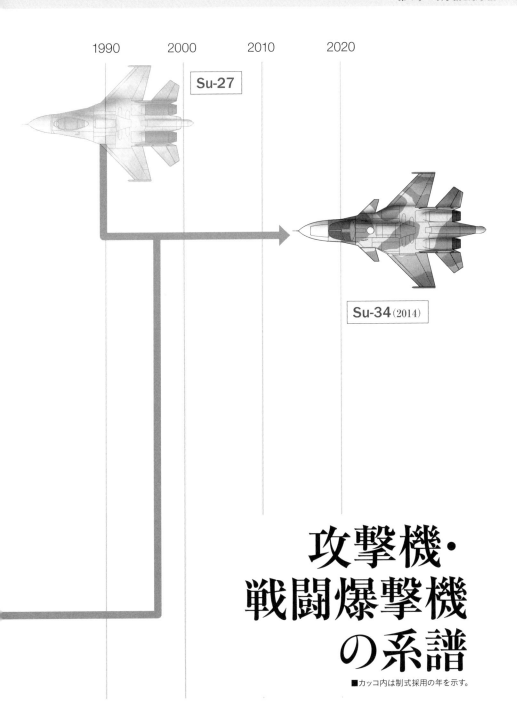

1990　2000　2010　2020

Su-27

Su-34（2014）

攻撃機・
戦闘爆撃機
の系譜

■カッコ内は制式採用の年を示す。

103

4-3 爆撃機

■爆撃機のニーズ

　戦略核戦力について解説した拙著『ソヴィエト連邦の超兵器 戦略兵器編』では、核の運搬手段として爆撃機は速度や迎撃の困難さなどの点で弾道弾に遠く及ばず、「最後の審判の日」（全面核戦争）において真に価値があるのは弾道弾である旨を解説した。しかし一方で、戦略兵器としての弾道弾は、そのあまりの威力と用途が極めて限られているがゆえにこれまで一度も実戦で使用されておらず、単純に兵器としての使い勝手の良さで比べたとき、爆撃機には遠く及ばない。爆撃機は運用の幅が広く、そのときどきの戦場のニーズにあわせて数十トンの爆弾やミサイルを、数千km の彼方へと運搬できる。これは爆撃機にしかできないことだ。ドイツと日本を屈服させてから80年近く経った今でも、米国が他国を制圧するとき頼りにするのは爆撃機部隊である。米国に限らず爆撃機を運用している国が戦争に参加した場合、それが使われないことなどまずない、と言ってよいほどの働きぶりだ。

　そんな爆撃機について、以下では開発された順番に解説していこう。

■B-29をコピーしたソヴィエト初の長距離爆撃機 Tu-4

　我々日本人なら、80年前の第2次世界大戦において、米国の航空技術を結集して開発し、日本を灰燼に帰した爆撃機、B-29について知らない人はいないだろう。当時、これと比べられる爆撃機など、世界にひとつとしてなかった。……となれば、戦後米国と対立することになったソヴィエト連邦が、それを模倣しようとすることはむしろ自然と言えた。ソヴィエトにとって運が良いことに、領土内にB-29が不時着したことがあり、その機体を分解して、模倣どころか完全なコピーをつくり上げている。それがトゥパレフ設計局による「Ту-4［Tu-4］」だ。筆者は博物館でTu-4の実機を見たことがあるが、笑ってしまうくらいB-29そのものだった。

■西欧や日本などを狙う中距離爆撃機 Tu-16

　さて、コピーがスタート地点となった大祖国戦争後のソヴィエトの爆撃機開発だが、その後は独自の発展の道を歩んだ。ここで、ソヴィエトならではの、地理的条件が絡んでくる。米国は主敵（ソヴィエト）が地球の反対側に位置するが、ソヴィエトにはNATO諸国や中国という隣接した敵がいる。そのため、米国に達するような

不時着したB-29をコピーしてつくられたTu-4（写真：多田将）

　長距離爆撃機だけでなく、中距離の爆撃機も並行して開発する必要があったのだ。
　中距離爆撃機の系譜の出発点は、初のジェット（ターボジェットエンジン）爆撃機である「Ту-16［Tu-16］」だ。爆撃機もジェット時代に入ったのは、朝鮮戦争の戦訓によるところが大きい。日本を屈服せしめたB-29ですら、ジェット戦闘機が守る防空網を突破することは困難だったのだ。
　Tu-16は50種類にもおよぶヴァリエイションが作られており、ソヴィエトをはじめ東側において重宝された機体だったことがわかる。戦後第一世代の亜音速爆撃機で、もともと自由落下爆弾を搭載していたが、ミサイル時代に入っても、巡航ミサイルのプラットフォームとしてなら、充分に活躍できたからだ（巡航ミサイルの射程は長いので、機体自体が古くて、敵防空網を突破する能力がなくとも、その防空網の外側から発射できるため）。なんと、軍の近代化著しい中国でも、Tu-16の改良型である轟炸六（H-6）は今でも現役である。

■登場から半世紀を経て、いまだ現役 Tu-95

　現在のロシアではTu-16はすでに退役したが、同時代に開発された爆撃機で今も現役のものもある。それが「Ty-95［*Tu-95*］」である。こちらは対米用の長距離爆撃機で、ターボプロップエンジンを搭載している。大きな後退角の翼から前に突き出した4基の二重反転プロペラが特徴だ。二重反転式の採用は、大出力エンジンを充分に活かすためだ。プロペラの性能は回転面積で決まるが、大きすぎれば先端部分が音速を超えてしまう（音速を超えると衝撃波が発生する）ため、単純に直径を大きくするにも限界がある。そこで二重反転式にして、エンジン出力を活かしつつ、プロペラひとつあたりの直径を抑えている。

　Tu-16と同様、自由落下爆弾による爆撃から始まって、のちには巡航ミサイルのプラットフォームとなった。ミサイルプラットフォーム型は「Ty-95MC［*Tu-95MS*］」と呼ばれる。現用のTu-95はすべてこのMS型である。これには2機種あり、Tu-95MS-6では機内に6基、Tu-95MS-16では機外に10基を加えた計16基もの「X-55［*Kh-55*］」巡航ミサイルを搭載可能である。Kh-55は米国のAGM-86に相当する長射程の空中発射式巡航ミサイルである。現在はステルス形状を取り入れた後継機「X-101／102［*Kh-101/102*］」も配備され、Kh-101のほうはウクライナ戦争でも使用されている（Kh-101が通常弾頭、Kh-102が核弾頭）。Tu-95MS-16の近代化型Tu-95MSMでは、機内にKh-55を6基、機外にKh-101／102を8基搭載可能だ。

　機内搭載分は、機内爆弾倉内に設置された回転式爆弾架に装架される形で搭載される。これは爆弾倉内に縦に通された棒状の爆弾架で、その周囲を円周状に取り囲むようにして巡航ミサイルなどの兵装が取り付けられる。回転するようになっており、回転しながら一番下に来た兵装を順に投下していく。なお、同様の装備は、米軍の現用爆撃機すべて（B-52、B-1、B-2）にも搭載されており、こちらは8基の巡航ミサイルを装架できる。

　現在、爆撃機を運用している国は、露米中の3か国だけだが、そのすべてで50年代に開発された爆撃機が使われ続けている［※3］。これは「ガワよりも中身が重要」であり、搭載する兵器（と電子装備）を更新すればずっと活躍できる、という爆撃機ならではの事情を反映していると言える（ただし、新型エンジンへの換装など、機体自身の改良も平行して行われることが多い）。

※3：ロシアはTu-95、中国はTu-16ベースの轟炸六（H-6）、米国はB-52を、現在も使用している

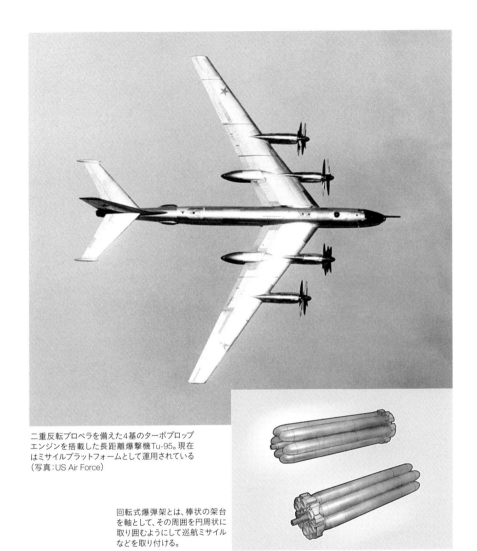

二重反転プロペラを備えた4基のターボプロップ
エンジンを搭載した長距離爆撃機Tu-95。現在
はミサイルプラットフォームとして運用されている
（写真：US Air Force）

回転式爆弾架とは、棒状の架台
を軸として、その周囲を円周状に
取り囲むようにして巡航ミサイル
などを取り付ける。

■超音速を実現した中距離爆撃機 Tu-22

　Tu-16の開発に成功したトゥパレフ設計局では、次の段階として超音速・高高度
侵攻のための中距離爆撃機を開発した。これが「Ty-22［Tu-22］」だ。超音速機だ
けあって、Tu-16より洗練された形状をしている。主翼の後退角はきつくなり、機
首も尖り、まるで戦闘機のような出で立ちだ。エンジンは双発だが、機体尾部の上

Tu-22
Ty-22

超音速機Tu-22は、細長く優美な流線型ボディが
特徴。登場当時、西側諸国でもその美しさが話題
になったほど。

Tu-22M
Ty-22M

また新しいの
買ってる！

ま、前からある
ヤツだよう…

Tu-22の発展型のような名前だが、ほぼ別の
機体。可変後退翼の採用により、Tu-22の不
満点だった離陸滑走距離の長さを解消し、
超音速飛行能力と低速での安定性を両立さ
せた。イラストはM3型。

に垂直尾翼を挟むような形で積まれているのが特徴的である。いかにも高空を高速で駆け抜けるための姿をしている。それを追求したため、搭載量はSu-34よりも少ない。爆撃機としてはすぐに後継のTu-22Mに置き換えられて短命だったが、偵察機としては1990年代まで運用された。

■戦闘機のようなシルエットが特徴 Tu-22M

　MiG-23戦闘機やSu-17攻撃機などと同時期、可変後退翼の波は爆撃機にもやって来る。それが「Ty-22M［Tu-22M］」だ。形式番号を見る限り、まるでTu-22のヴァリエイションであるかのように思われるが、実はまったく別の機体だ。このような命名には政治的な理由があった。Tu-22の能力が空軍を満足させないことは明らかだったが、これを欠陥機であると認め、新たな爆撃機を新規開発するということは難しかった。なぜなら当時（1960年代）、軍内ではミサイルの優位性を主張し、爆撃機に懐疑的なグループが発言力を増していたからだ。そこで、「あくまでTu-22の改良型である」ということを強調するために、Tu-22Mという名称となった。

　Tu-22Mは可変後退翼の採用に加え、胴体後部に埋め込むかたちで横並びに設置されたエンジンや、胴体側面の空気取入口など、Tu-22よりもいっそう戦闘機のような、実に美しいスタイルをしている。冷戦期には、中距離弾道弾RSD-10と並んで、日本にとっては最大の脅威であると言われていた。

　Tu-22Mにはいくつかのサブタイプがあり、Tu-22M0は試作型、Tu-22M1は先行生産型で、本格的な生産型はTu-22M2となる。このM2型から、エンジンを大出力の新型に換装し、主翼の最大後退角も大きくして最大速度を一気に高めたのが

Tu-22M2。イラストで紹介したM3型がF-15風の空気取入口であったのに対して、M2型はF-4風の形状をしている
（写真：多田将）

Tu-22M3で80年代に登場した。外観上の最大の違いは空気取入口である。日本の読者のみなさんによくわかるように例えるなら、M2型がF-4風、M3型がF-15風の形状をしている。現在は、さらなる改良型のTu-22M3Mが運用されており、一部のTu-22M3はM3M型への近代化改修が適宜進められている。T-22M3Mでは、新型エンジンへの換装や電子装備の一新のほか、戦略核兵器削減条約に従って撤去された空中給油装置も復活させ、戦闘行動半径を広げている。また、後述の空中発射式弾道弾「キンジャール」も搭載できるようになっている。

◇極超音速ミサイル!? 9-A-7660 キンジャール

　米国ではAGM-69は冷戦終結とともに退役したが、ロシアでは21世紀に入り、Kh-15とは別系統の空中発射式弾道弾が開発された。それが昨今のウクライナ戦争において「極超音速兵器」と報道され話題になっている「9-A-7660［9-A-7660］キンジャール（Кинжал、短剣）」だ（ミサイル本体の型式は「9-C-7760［9-S-7760］」）。

　これはまったくの新兵器というよりも、地上発射式短距離弾道弾9M723 [※4]を航空機搭載型としたものである。「極超音速兵器」とは、マッハ5を超える速度の兵器を差すので、弾道弾の大部分はこれに該当する。マスコミではこれらをひとまとめにして「恐るべき新兵器」であるように言うことが多いが、それはまったく無意味である。単なる弾道弾と、次世代の兵器として注目されている「極超音速滑空体」や「極超音速巡航ミサイル」とは、それぞれまったく別物の兵器なので、どれなのかをはっきり分けた上で論じる必要がある。「極超音速兵器」などという曖昧な言葉は使うべきではない。

　9-A-7660は、当初はMiG-31を改造した機体（MiG-31K）に搭載されて運用が開始されたが、本命のプラットフォームはTu-22M3Mである。

■世界最大の爆撃機 Tu-160

　迎撃機MiG-31の解説（2-1節）で、合衆国空軍がそれまでの高空からの爆撃を改め、発見されにくい低空侵攻へと戦法を変えたことにより、新型爆撃機B-1を開発したと述べた。

　それと同様の経緯でソヴィエトでも低空侵攻のための爆撃機が開発された。「Ty-160［Tu-160］」だ。奇しくもB-1と同様の可変後退翼機で、可変しない内翼部に左右2基ずつセットにしたエンジンを取り付ける配置などもB-1に似ている。ただし、機体の大きさはTu-160のほうが一回り大きい。

※4：9M723は、9K720 イスカンデルM で運用される短距離弾道弾。本シリーズ『戦車・装甲車編』4-5節を参照のこと。

　出現当時、西側ではB-1を真似たかのように言われたものだが、ソヴィエトでは
Tu-160以前にTu-22Mを開発しており、それをさらに大型化した機体という捉え方
のほうが正しい。Tu-95MSのような回転式爆弾架を胴体中央に内蔵するが、こちら
はそれが2つ縦に並んでおり、計12発のKh-55／101／102を搭載できる。また、
米国のSRAM（AGM-69）に似た空中発射式弾道弾「X-15［Kh-15］」であれば、
24発搭載できる。現時点において、Tu-160は世界最大の爆撃機であり、40トンも
の膨大な搭載量を誇っている。その高い能力から、ロシアでは同機を引き続き運用
するために、現用の機体に適宜近代化改修を施していっており、こちらはTu-160M
と呼ばれる。Tu-160Mは既存機の改修だけでなく新規生産も行われている。

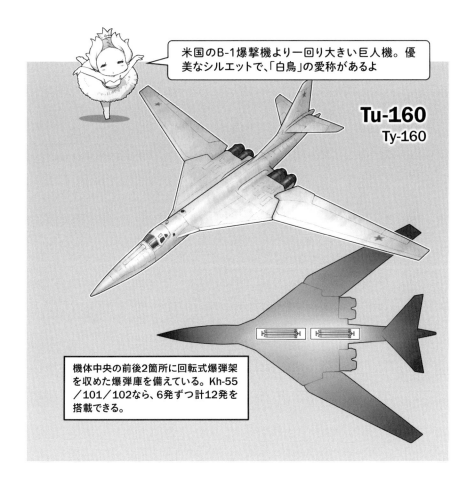

米国のB-1爆撃機より一回り大きい巨人機。優
美なシルエットで、「白鳥」の愛称があるよ

Tu-160
Ty-160

機体中央の前後2箇所に回転式爆弾架
を収めた爆弾庫を備えている。Kh-55
／101／102なら、6発ずつ計12発を
搭載できる。

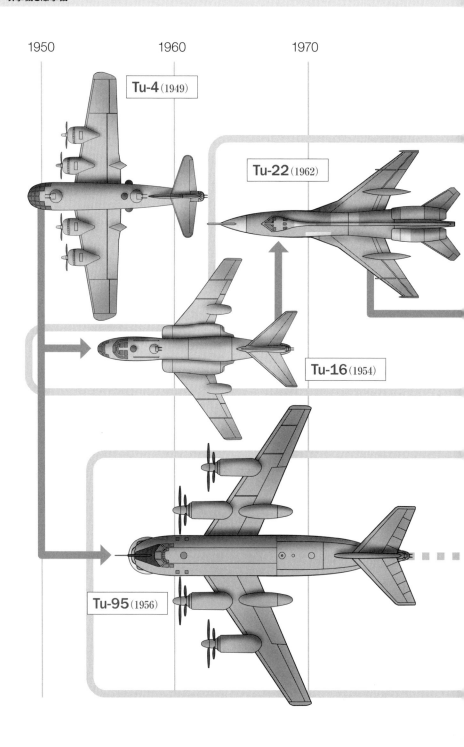

1950　　　　　1960　　　　　1970

Tu-4（1949）

Tu-22（1962）

Tu-16（1954）

Tu-95（1956）

爆撃機の系譜

■カッコ内は制式採用の年を示す。

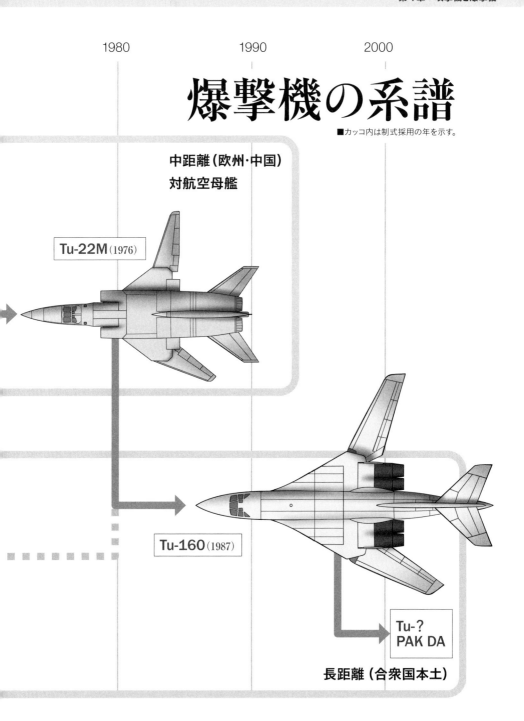

1980　　　1990　　　2000

中距離（欧州・中国）
対航空母艦

Tu-22M（1976）

Tu-160（1987）

Tu-?
PAK DA

長距離（合衆国本土）

4-4 航空機搭載対艦有翼ロケット

■米空母機動部隊を迎え撃て!

　ソヴィエト連邦海軍にとって、もっとも重要な任務は弾道弾搭載型潜水艦の運用である。対する米海軍は強大な空母機動部隊を中心とした大艦隊を擁しており、それに対する大きな脅威となっていた。そのため、弾道弾搭載型潜水艦を守るべく、米空母機動部隊を迎え撃つことが、ソヴィエト海軍最大の役割となっている。そこで彼らは米空母を撃滅すべく「その防空網の領域外から、防空システムの対処能力を超える大量の対艦ミサイルを、撃って、撃って、撃ちまくる」という手段を選択し、外洋型の大型艦艇はもちろん、沿岸用の小型艦艇にいたるまで対艦ミサイルの装備を進め、また水中でも巡航ミサイル搭載型潜水艦（ロシア語では「有翼ロケット水中巡洋艦」）を多数建造していた（ソヴィエト海軍の戦力や、艦艇搭載の巡航ミサイルについては拙著『ソヴィエト連邦の超兵器 戦略兵器編』にて詳しく解説している）。

　さて、海上・海中発射の巡航ミサイルに加えて、残るもうひとつの手段が空中発射式巡航ミサイルである。しかし、ソヴィエトには米国に匹敵するような本格的な航空母艦は無く、艦上攻撃機を利用することはできない。そこで、陸上基地から発進する攻撃機や爆撃機を、対空母（対艦艇）用として海軍でも運用しよう、という発想に行き着く。ちょうど、我が国の海軍が太平洋戦争期に陸上攻撃機（陸攻）を運用していたのと似ている。当時の陸攻は魚雷で艦艇を攻撃したが、あれと同じことを、空対艦巡航ミサイルを使って行おうというのがソヴィエト海軍の運用法だ。こうした目的でソヴィエト海軍は爆撃機部隊を保有していた。

　海軍が爆撃機を運用する例は世界では珍しいが、ソヴィエトの対艦巡航ミサイルは、米空母を一撃必殺する弾頭と、迎撃されにくいための超音速性能が求められたので、とにかく巨大で、航空機で運用する場合は爆撃機クラスの大型機が必要だったのである。また、陸上基地から運用するため、航続距離も長い必要があった。

　ここでは、爆撃機搭載の対艦巡航ミサイルについて解説していく。なお、ロシア語では巡航ミサイルのことを「有翼ロケット（Крылатая ракета）」と呼ぶ。以下は、こちらの表現を用いることとする。

■戦闘機なみの巨体 Kh-20

　初期の対艦有翼ロケットは、見るからに「無人航空機そのもの」だった。50年代に開発された「X-20［Kh-20］」を、同じ縮尺でSu-7戦闘機と比較したイラストを用意した。エンジンが同じAL-7ということもあり、両者が兄弟のように似ていることがわかるだろう。このように最初は「有翼ロケット」という名前に相応しい無人航空機として誕生し、その後に通常のミサイルのような形になっていく。しかし、相変わらず大きさは戦闘機並みの巨大さであり続けた。

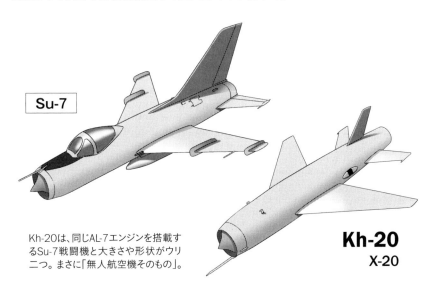

Su-7

Kh-20
X-20

Kh-20は、同じAL-7エンジンを搭載するSu-7戦闘機と大きさや形状がウリ二つ。まさに「無人航空機そのもの」。

■大型対艦有翼ロケットの系譜

　空対艦有翼ロケットで特筆すべきは「X-22［Kh-22］」で、核弾頭もしくは炸薬量1トン近い通常弾頭を搭載し、マッハ4で飛翔する。まさに「米空母攻撃の切り札」とも言うべきものだった。Kh-22はTu-22K（Tu-22の巡航ミサイル搭載型）やTu-22Mの胴体下に半分埋め込まれるようなかたちで搭載される。Tu-22Mは、それに加えて主翼下に各1発、計3発搭載できる。

　Kh-22を一回り小型にしたものが「KCP-5［KSR-5］」で、こちらはTu-16Kに2発搭載して運用されていた。また、Kh-22の後継が「X-32［Kh-32］」で、射程が大幅に延びている。

■攻撃機搭載用小型対艦有翼ロケット

　これらの系譜とは別に、攻撃機にも搭載できる「常識的な寸法」の空対艦ミサイルも開発されている。当然ながら、攻撃すべきは空母だけではないからだ。「X-31A [*Kh-31A*]」は、航空機搭載型の対電波放射源ミサイルKh-31Pの対艦ヴァージョンだ（終末誘導は、それぞれKh-31AがARH、Kh-31PがPRH）。

　また、「X-35 [*Kh-35*]」は、空対艦型のほか地対艦型や艦対艦型にも派生している汎用兵器で、ちょうど米国のAGM-84に相当する（形状もAGM-84によく似ている）。

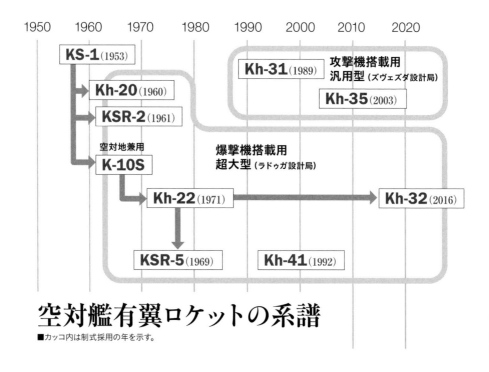

空対艦有翼ロケットの系譜

■カッコ内は制式採用の年を示す。

第5章
ヘリコプター

独特の二重反転ローターを備えるKa-52（写真：Ministry of Defence of the Russian Federation）

場所を選ばず離着陸できる利便性

　未来から来たロボットが未来のテクノロジーでつくられたツールを使って騒動を起こす某漫画に、そのツールのひとつとして「タケコプター」なるものが登場する。それは、竹とんぼのような形をしていて頭にくっつけるだけで空を飛べるというツールだ。竹とんぼは中国に紀元前より伝わる玩具だそうだが、実は本章の主役であるヘリコプターの発想の起源はここにある。

　タケコプターを使って空を飛んでも、歩く程度の速度のため、あまりありがたみを感じないが、あれがもっと高速で、かつ、人間一人以上の荷物も運べるとなると、かなり使い勝手がよい。場所を選ばず（滑走路などなくとも）いつでも手軽に離陸したり、着陸したりできるし、ある場所で滞空することも可能だ。その利便性から「実在するタケコプター」であるヘリコプターは、あらゆる場面で広く利用されている。

　なお、「ヘリコプター」とはギリシア語の「螺旋（ἕλιξ）」と「翼（πτερόν）」を組み合わせた造語である。日本では「回転翼航空機」が正式な呼び方で、自衛隊では固定翼機と同様に「航空機」と呼んでおられる方が多い。

5-1 ヘリコプターの概要

■ガスタービンエンジンにより飛躍

　人間が乗れる大きなサイズのヘリコプターは、いつから存在するのか。ルネサンス期の芸術家にして発明家であるレオナルド＝ダ＝ヴィンチのスケッチが有名であるが、実機がつくられて試験まで行われたのは20世紀に入ってからである。それが実用化されるのはさらにあとで、それまではオートジャイロ [※1] を使って空力的な研究が進められた。

　現在、自衛隊の主力ヘリコプターのひとつであるUH-60のメーカーとして知られるシコルスキイ・エアクラフト社の創業者であるイガリ＝イヴァナヴィチ＝シコルスキイが開発した「VS-300」は、第2次世界大戦末期に運用されているが、これがヘリコプターによる初の実戦使用となった。なお、米国のヘリコプター開発を主導し続けたシコルスキイは、名前から察せられるとおりロシア帝国出身（キエフ生まれ）で、ロシア革命が起こったために米国へと亡命した経歴を持つ。

　ヘリコプターの実用化に時間がかかった一番の要因は、エンジンにある。固定翼機のような揚力を発生させる翼を持たないヘリコプターは、エンジンの力で自重を支える推力を発揮させる必要がある。しかし、重いうえに低出力なレシプロエンジンでは発揮できる能力に限界があった（なお、ジェット時代の固定翼機でも自重以上の推力を発揮できるエンジンを獲得できるのは、第4世代戦闘機の登場まで待たねばならない）。

　しかし、第1章で解説したとおり、固定翼機がジェットエンジン（ガスタービンエンジン）の登場によって「別物」として生まれ変わったように、ヘリコプターもガスタービンエンジンにより大きく飛躍するチャンスを得た。ヘリコプターに用いられるのは、燃焼ガスのエネルギーを「軸」の回転力として取り出す「ターボシャフト・エンジン」だ（エンジンについては1-1節参照）。この回転運動によりローターを動かすもので、このエンジンは艦艇や戦車にも使用されている。

※1：オートジャイロは、頭の上にローターがついていて、一見ヘリコプターのようだが、そのローターには動力がない。ローターを回転させることで飛行するヘリコプターに対して、オードジャイロは飛行によって生じる空気の流れによってローターを回転させている。では動力はどこにあるのかというと、水平方向に推進力を発生させるプロペラがついていて、これをエンジンで回転させて飛行する。要するに「ローターがついたプロペラ機」のような姿をしている。

■回転するローターの反作用を打ち消す方法

　水平面で回転するローターを回すと、空気は下向きに流れ、それによって機体は浮き上がる。ここで重要なことは、空気を機体よりも下に押す必要があるため、ローターの回転範囲は、機体の水平断面よりも広くないといけないということだ。つまり、頭部の断面より回転範囲の狭いタケコプターでは、浮上することはできない。

　浮上したとして、次に考えるべきことが2つある。まず「前に進むには、どうしたらいいのか」。もう1つは「ローターが回転する反作用で、機体が逆回転しようとするが、それをどう止めるのか」である。

　前者については、ローターを少し傾けることで前進する。ローターを前傾させると、斜め下・後方に推力が発生するので、浮上させるだけでなく、前進する方向にも力が働くことになる。

　後者の解決方法には2つあり、まず1つが別のローターを使い、機体を回転させようとする力に抗う方向に推力を発生させることだ。具体的には機体から「尻尾」を伸ばし、そこに横向きに別のローター（テイルローター）を設けて、主たるローター（メインローター）による機体の回転を阻止する力を発生させる。尻尾が長いほど（メインローターから離れた位置にテイルローターがあるほど）、テイルローターが発生させる力は小さくて済む。

　もう1つは、メインローターを2つにして、互いに反対向きに回転させることだ。こうすることで機体にかかる2つのローターからの反力が打ち消し合う。テイルローターは必要なく、「尻尾」も必要ない。メインローターを2つにする方法は、さらに3つに分かれる。

①**機体の前後に縦に並べる。**米国の「CH-47」などがこの方法である。ローターが互いに衝突しないよう、離れて設置するか、上下にずらすかしなければならない。

②**機体の左右に並べる。**米国の「V-22」などがこの方法である。左右に幅広い機体となるので、ローターまでのあいだを翼として利用できるため、ティルトローター機などに使われている。

③**上下に重ねる。**これが本章の主役のひとつであるカマフ設計局が得意とする「二重反転式ローター」と呼ばれるものだ。ローターの回転軸は同軸となる。

ヘリコプターが浮き上がる原理

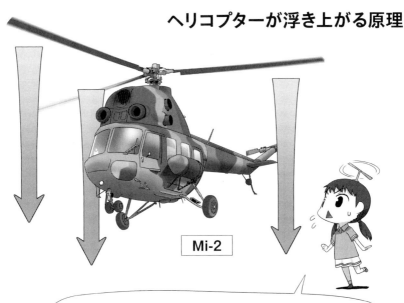

Mi-2

水平面でローターを回転させ、下向きの空気を発生させることでヘリコプターは浮き上がる。空気を下に「押す」ため、ローターの回転範囲は、機体の水平断面より広くないといけない。
……ローターの回転範囲が頭部断面より狭いタケコプターは浮上できない!

ローターの反作用を打ち消す方法

CH-47

V-22

Ka-52

米国のCH-47輸送ヘリコプターは、逆方向に回転する2つのローターを前後に設けることで、互いのローターからの反力を打ち消している（写真：Iowa Air National Guard）。同じく米国のV-22ティルトローター機は、逆方向に回転する2つのローターを左右に配置している（写真：US Navy）。ソヴィエト／ロシアのKa-52は、上下に重ねる「二重反転ローター」を採用した
（写真：Ministry of Defence of the Russian Federation）

　二重反転式ローターは、テイルローターが必要ないぶん機体が短くなり、テイルの先まで動力を伝える機構も必要ない。回転方向の機体バランスを取る作業も不要となる [※2]。そのほか、メインローターが2つになったことで（同推力ならば一重ローターよりも）直径を小さくでき、（同じ直径ならば一重ローターよりも）推力を大きくできる、などの利点がある。

　一方、メインローターの回転軸とトランスミッションの構造は複雑になる。また、ローター同士の接触を防ぐために、2つのローターはある程度の間隔を設ける必要があるため、背が高くなるという欠点がある。

■ソヴィエト連邦ヘリコプター開発の双璧

　ソヴィエト連邦のヘリコプター開発に重要な役割を果たしたのは、ニカライ＝イリイチ＝カマフである。彼は1930年代からオートジャイロの開発を行っており、1940年にはその生産工場の建設を開始した。しかし、大祖国戦争の勃発によりそれは中断され、カマフは従来の航空機の開発・改良の仕事に回されてしまう。しかし、時間を見つけては回転翼機の研究を続けていたカマフは、戦後、正式に回転翼機の開発に復帰し、「Ka-8」として結実させた（1947年初飛行）。ヘリコプターのことをロシア語で「Вертолёт」と言うが、この言葉を考え出したのもカマフだった。この最初に開発したヘリコプター Ka-8が二重反転式ローターを採用しており、以降、この方式はカマフのヘリコプターの最大の特徴となる。

　さて、カマフのオートジャイロ工場が建設される際、その副設計局長として任命されたのが、ミハイル＝レオンティエヴィチ＝ミルである。彼もカマフと同様に、大祖国戦争勃発とともに疎開先で固定翼機の改良を担当させられたが、やはりヘリコプターの研究を続け、戦後に最初のヘリコプター「Mi-1」を完成させた（1948年初飛行）。

　この2人は、それぞれ自身の名を冠した設計局を設立し、ソヴィエトにおけるヘリコプター開発の双璧として活躍する。なお、2つの設計局は2020年に統合され、「M. L. ミル／N. I. カマフ名称国立ヘリコプター工学センター（Национальный центр вертолётостроения имени М. Л. Миля и Н. И. Камова）」となり、現在に至っている。

※2：テイルローターの推力が足りないと機体は回転してしまう。逆に大きすぎると逆方向に回転してしまう。そのため、ヘリコプターはメインローターとテイルローターの推力バランスを緻密に制御し続けている。

5-2 汎用／輸送ヘリコプター

■小型ヘリコプター Mi-1／Mi-2

　ヘリコプターの最大の利点は、その「手軽さ」にある。それを活かしてさまざまな任務に就いている。そうした「何にでも使える」汎用ヘリコプターから見ていこう。

　前述の「Мⅰ-1［Mi-1］」は、制式化されたミルの最初のヘリコプターながら、完成度の高い機体だった。しかし、当時は軍や政府のヘリコプターに対する理解は乏しく、1950年の制式化後に試験生産された15機が実験的に運用されたものの、その時点では量産化されなかった。だが、同年に朝鮮戦争が勃発すると状況は一変する。同戦争での米軍ヘリコプター（シコルスキイ H-19）の活躍を見て、軍はヘリコプターに対する評価を改めた。また、1951年には当時の最高権力者スターリンにお披露目されたことも追い風となった。1952年に本格生産が開始されると、国内で997機、ポーランドで1,683機も製造された。ポーランドで生産されたものも、そのほとんどがソヴィエト連邦へと逆輸入されている。

　Mi-1は優れたヘリコプターだったが、エンジンがレシプロであったために限界もあった。そこでエンジンをガスタービン（ターボシャフト）に換装した機体が開発された。それが「Мⅰ-2［Mi-2］」である。胴体の上に、2基のガスタービンエンジンを搭載したエンジンナセルが盛り上がる、印象的な姿をしている。これによりエンジン出力が2倍となり、メインローター径はMi-1とほぼ同じながら、最大離陸重量は1.6倍となった（機体サイズは米国のUH-1とほぼ同程度）。Mi-1が操縦士以外に2名の兵員しか運べなかったのに対して、Mi-2は10名まで増員され、これにより有用性は一層高まった。

（写真：多田将）

（写真：多田将）

生産は冷戦終結後の1998年まで続き、生産数5,400機におよぶベストセラーとなっている。現在でも、20か国以上で現役として運用されている。また本機も、ポーランドで製造してソヴィエト連邦に逆輸入する方式をとっている。

■中型ヘリコプター Mi-4 ／ Mi-8

Mi-2とは別に、H-19並みの搭載量を持つ中型ヘリコプターが軍から要望され、開発が行われた。それが「Ми-4 [Mi-4]」だ。H-19と同様、機首にレシプロエンジンを搭載しているために「鼻」が大きく膨らんでいるのが特徴だ。エンジンがレシプロのために非力で、大きさの割には搭載量が少ない。それでも、このクラスのヘリコプターは有用で、国内で3,400機製造されて30か国に輸出されたほか、中国では「Z-5」としてライセンス生産された（500機）。ただ、ソヴィエト本国では1960年代に製造を終了し、現在運用しているのは北朝鮮だけとなっている。

Mi-4が短命に終わった理由は、後継として「本命中の本命」と呼べる機体が登場したからである。それが、派生型も含めて17,000機以上も生産された、人類史上もっとも偉大なヘリコプター「Ми-8 [Mi-8]」である。最新型はいまでも製造されており、69か国にも輸出され（輸出型は「Ми-17 [Mi-17]」）、ロシアをはじめ多くの国で主力汎用ヘリコプターとして活躍している。長細い胴体の上にガスタービンエンジンを2基積み上げ、そのうえにメインローターを配置している。エンジンナセルには後方に長く伸びた円筒形の尾部が接合されており、その先端にテイルローターが配置されている。このような配置のおかげで、キャビンは広い空間が確保できた上、大型ヘリコプターのようにキャビン後方にハッチを設けることもできた。こうした優れたデザインも、本機を「名機中の名機」たらしめた要因のひとつである。

なお、同機は日本で見ることができる。かつて朝日航洋株式会社で運用されてい

Mi-4

（写真：多田将）

Mi-8

（写真：鈴崎利治）

た機体が、埼玉県所沢市の所沢航空発祥記念館に展示されているので、ぜひご覧いただきたい。同記念館の説明にも、過酷な作業に従事しながらも、ほとんど故障がない頑丈な機体であったことが記されている。

■大型ヘリコプター Mi-6 ／ Mi-26

　このように汎用／輸送ヘリコプターでほぼ独占状態となったミルだが、これらの系統とはまったく別に巨大ヘリコプター「Ми-6［Mi-6］」を開発している。本来は固定翼の輸送機で運ぶような物資を、滑走路の無い場所にも運びたいというニーズに応えるものだ。Mi-6は、最大離陸重量42トン、最大搭載量12トンという巨大さで、それを飛行させるエンジンもローターも、その開発は大きな技術的挑戦だった。同機の需要は大きく、それは926機という生産数が示している。また、派生型としてミサイルの運搬専用に胴体を改設計した「Ми-10［Mi-10］」があるが、こちらは需要が少なく生産数は44機にとどまる。

　このMi-6をさらに大型化したのが「Ми-26［Mi-26］」で、現在も世界最大のヘリコプターである。最大離陸重量56トン、最大搭載量20トンにおよぶ。なお、固定翼輸送機の傑作であるC-130の最新型（J型）で搭載量は19トンである。著者もMi-26の機内に入ったことがあるが、その貨物室はとてもヘリコプターのものとは思えない広さだった。このような特殊すぎるヘリコプターながら、318機も生産され、現在も16か国で運用されている。

　余談だが、本機のエンジン「Д-136［D-136］」は、ウクライナ戦争でたびたび名前の挙がるウクライナのザポリージャにある設計局で開発された。このD-136は、小型旅客機用に開発されたD-36ターボファンエンジンをもとに開発されている。

（写真：多田将）

（写真：多田将）

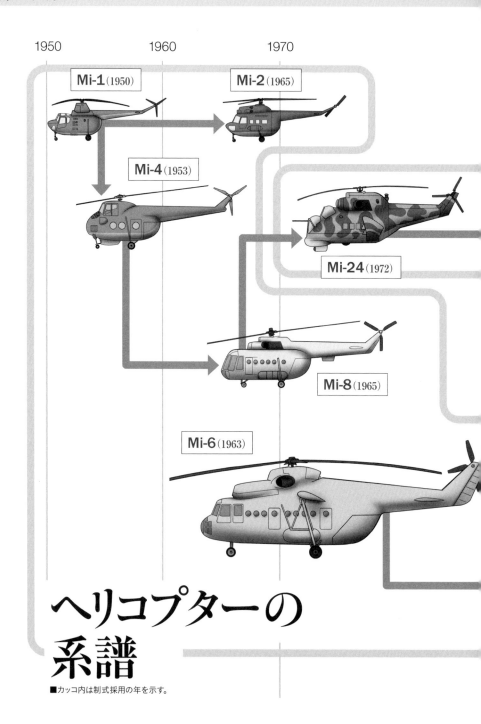

1950　　　　　1960　　　　　1970

Mi-1 (1950)

Mi-2 (1965)

Mi-4 (1953)

Mi-24 (1972)

Mi-8 (1965)

Mi-6 (1963)

ヘリコプターの系譜

■カッコ内は制式採用の年を示す。

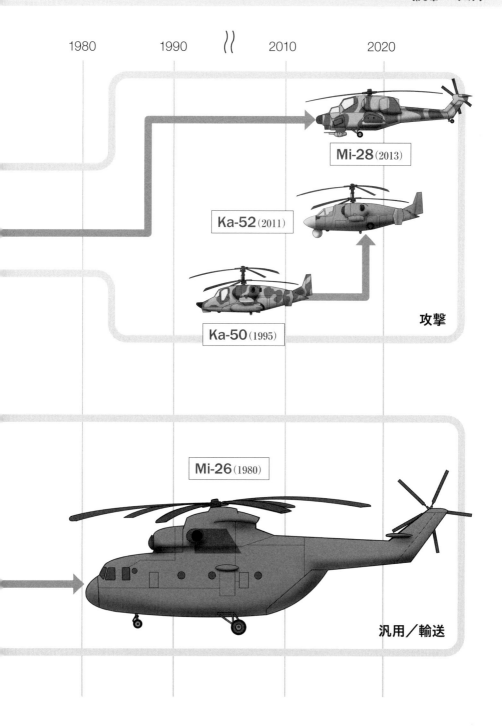

1980　　1990　　⟩⟩　　2010　　2020

Mi-28 (2013)

Ka-52 (2011)

Ka-50 (1995)

攻撃

Mi-26 (1980)

汎用／輸送

5-3 攻撃ヘリコプター

■低速・低空で地上目標を攻撃

　汎用ヘリコプターは、その名に違わぬ活躍を果たし、対地兵器を搭載して地上攻撃にも使われた。しかし、米軍はヴェトナム戦争での経験から、地上攻撃専用のヘリコプターを登場させる。これがAH-1で、汎用ヘリコプターの代名詞とも言えるUH-1をもとに開発された。

　このAH-1は以降に続く攻撃ヘリコプターの基本的なスタイルを形成している。まず、コックピットを縦列複座とし、胴体も極力幅を詰めて、正面から見た面積を大幅に減らした。これは、地上からの反撃を受けながら攻撃を行うために、少しでも「的」を小さくしようという努力だ。そして、反撃を受けることを前提に、コックピット周りには防弾処理を施している。次に、機首に機関銃／機関砲を搭載して、正面から地上目標を射撃できるようにした。縦列複座の前席は射撃手となる（後席が操縦手）。そして胴体左右に短い翼（スタブ・ウィング／小翼）を設け、そこに対地兵器を懸架するようにした（なお、スタブ・ウィングは、高速飛行時にはいくらかの揚力も発生する）。これらのことは、兵員輸送を諦めて兵員用キャビンを廃止することで徹底化できた。

　そして──これこそまさにヴェトナム戦争の教訓が活きた例であるが──キャノピーを平面形状とすることで、光の反射を一方向に絞り、発見されにくくした。これはステルスに繋がる考え方だ。

　このようにヘリコプターとしての汎用性を捨てて攻撃任務に特化することで、戦車をはじめとする地上部隊にとって恐るべき兵器に生まれ変わった。ヴェトナムでは歩兵に対する戦闘が想定された攻撃ヘリコプターだったが、欧州方面では圧倒的なソヴィエト戦車部隊に立ち向かう「戦車キラー」としての役割が期待された。本シリーズ『戦車・装甲車編』で述べたように、戦車は正面装甲が異常なまでに厚い反面、上面装甲ははるかに薄いため、高所からの攻撃には弱いからだ。また、固定翼の戦闘機や攻撃機は高速すぎるため、それよりもはるかに低速な車輌の上空を一瞬で通り過ぎてしまうのに対して、ヘリコプターは低速かつホバリングが可能なため、地上目標に対して執拗に攻撃を継続することができた。ただ、地上部隊の防空能力が高まった現代では、攻撃ヘリコプターの生存性に疑問が生じており、やはり高速で駆け抜けたほうがよいのではないか、という考え方も出てきている。著者は、攻

撃ヘリコプターと攻撃機はそれぞれに一長一短あり、戦場ではさまざまな状況が生まれることから、その戦況に応じて使い分けるべきであって、両方を揃えたほうがよいと考える。

■空飛ぶ歩兵戦闘車輌 Mi-24

　ソヴィエト連邦でも攻撃ヘリコプターの有用性に着目し、名機Mi-8をもとに最初の攻撃ヘリコプターが開発された。それが「Ми-24［Mi-24］」である。Mi-24の興味深いところは、兵員や物品を運ぶキャビンを残し、兵士8名を運ぶことができる点だ。この点では、純粋な攻撃ヘリコプターというよりも、「地上攻撃能力の高い汎用ヘリコプター」といった感じかもしれない。

　最初の生産型「Ми-24A［Mi-24A］」は、縦列複座であるものの、そのコックピット全体を広く覆うキャノピーのシルエットは、まるで攻撃ヘリコプターっぽさがない（なお、一部で並列複座と言われているが間違いである）。射撃手と操縦手は、ややオフセットして着座しているものの、座席の高さが同じなので操縦手の視界は悪い。しかし、本格生産型の「Ми-24B［Mi-24V］」からは、AH-1のように操縦手席が高くなり、独立した空間とキャノピーを持った、攻撃ヘリコプターらしいス

Mi-24
Ми-24

Mi-8輸送ヘリコプターをもとに開発されたソヴィエト最初の攻撃ヘリコプターがMi-24だ。攻撃ヘリコプターながら後部にキャビンを備え、兵士8名を運ぶことができるため「地上攻撃能力の高い汎用ヘリコプター」とも言える。イラストはアフガニスタン紛争などに投入されたMi-24D。丸みを帯びたキャノピーが本機の特徴。

パルタンな「面構え」となった。なお、キャノピーはAH-1と異なり曲面構成となっている [※3]。

　機首に機関銃（当初は12.7 ㎜機関銃、のちに23 ㎜機関砲）、スタブ・ウィングに対戦車ミサイルやロケット弾発射機、爆弾など多彩な兵器を懸架する。また、西側にはない兵装として、R-60などの赤外線誘導式空対空ミサイルも運用できる（米国も1980年代から空対空ミサイルを装備した）。Mi-24は史上もっとも多く生産された攻撃ヘリコプターであり、その数は3,500機で、59か国に輸出された。輸出版は「Ми-35［Mi-35］」という。

■ソヴィエト崩壊の混乱で復活 Mi-28

　そのMi-24から兵員輸送機能を除き、純粋な攻撃ヘリコプターとしたものが「Ми-28［Mi-28］」だ。スリムな胴体となり、平面構成のキャノピーと相まって、米国の攻撃ヘリコプターっぽいシルエットとなった（ただし、米国のものよりずいぶん大柄ではある）。

　このMi-28が実用化されるまでには紆余曲折を経ている。冷戦後期の1980年代に、次期攻撃ヘリコプターとしてミルとカマフで競作が行われることになった。

Mi-28。Mi-24にあったような兵員輸送機能は無くなり、スリムな胴体の純粋な攻撃ヘリコプターとなった（写真：木村和尊）

※3：Mi-24の改良では、コックピットなど機体の改良と、新型対戦車ミサイルシステムの搭載とが行われることとなった。これがMi-24Vであるが、後者の開発が難航したため、とりあえず前者の機体の改良だけを行ったMi-24Dがつくられ、これが先行して製造されている。

Mi-28は1982年に初飛行して、この競作に供されたが、1985年にカマフ製の Ka-50（後述）が選定される。しかし、ソヴィエト連邦の崩壊という歴史的大事件 と混乱の1990年代を経たことで、いったん落選したはずのMi-28に再びチャンス が訪れる。ミル設計局は、欠点として指摘されていた全天候作戦能力を改善した「M и-28H［*Mi-28N*］」（HはHочь、夜の意）を開発した。2005年、国家試験にかけ られ、2009年には採用、2013年から運用が開始された。

■二重反転式ローターによる高機動 Ka-50／Ka-52

　汎用ヘリコプターの分野では完全にミルの後塵を拝してしまったカマフだが、冷 戦後期に行われた前述の次期攻撃ヘリコプターの競作に、単座の攻撃ヘリコプター「K a-50［*Ka-50*］」をもって臨んだ。

　Ka-50は、カマフお得意の二重反転式ローターの利点を存分に活かし、Mi-28よ りも小型かつ高機動な機体となった。1985年に次期攻撃ヘリコプターの座を勝ち 取ったが、実用機の国家試験がソヴィエト連邦の崩壊と時期が重なり、1995年に 運用開始となるも、ロシアの財政難により少数生産にとどまってしまった。そのあ いだに敗れたはずのMi-28が復活したことは前述した通りだ。

Ka-50
Ka-50

カマフ設計局の「お家芸」たる二重反転ローターを備えた攻撃ヘリコプターKa-50。テイルローターが 不要なためテイルブームが短く、全体的にMi-24(胴体長17.5m)やMi-28(同17m)より、一回り小さい (同14m)。

　一方で、このKa-50を複座（並列複座）とした「Ka-52 [*Ka-52*]」が、Ka-50部隊の指揮官機 [※4] として開発されると、そちらのほうが軍に採用されることとなり、ついにはKa-50が生産中止となっている。

　正式に選定されたはずのKa-50が冷遇され、Mi-28が復活した経緯を見ると、背後に政治的な理由があったのかもしれないが、一方で複座型のKa-52が本格生産を果たしたことを考えると、単座機という斬新なアイデアを軍が受け入れがたかったのではないかとも思えてくる。現在では、Ka-52は、Mi-28Nと並んでロシアの主力攻撃ヘリコプターとなっている。

　なお、日本の一部のメディアではKa-50を「空対空ヘリコプター」と勘違いしているものもあったが、そのような目的はない。空対空ミサイルも運用するが、それはMi-24以来のソヴィエト攻撃ヘリコプターの標準装備である。また、機首の機関砲だが、Mi-24こそ航空機用機関砲であるGSh-23／-30を搭載していたが、Ka-50／-52とMi-28では、重いが強力な車輌用30㎜機関砲2A42を搭載している。2A42はBMP-2歩兵戦闘車やBMD-2／-3空挺戦闘車が搭載している（本シリーズ『戦車・装甲車編』参照）。

Ka-52
Ka-52

単座機だったKa-50を並列複座化したKa-52。横幅の広がったコックピットまわり以外はKa-50とほぼ同じ形状となっている。両機とも機首の右下に固定式の30㎜機関砲を備える。この機関砲は車輌搭載用の強力な2A42である。

※4：部隊長を乗せるため複座となった。

5-4 海軍用ヘリコプター

■狭い艦艇から離発着できる利便性

　ヘリコプターの「滑走路がなくても運用できる」利点がもっとも活きる場所の一つが艦艇だ。広い飛行甲板を持つ航空母艦などは特例であって、ほとんどの艦艇はギリギリの空間しか持ち合わせていない。それに加えて、艦艇を相手にする任務だと、車輌と戦うのと同様にそれほどの高速性は必要とされない。たとえば対潜水艦作戦では、ヘリコプター程度の速度が、逆にちょうどよい。このため、近代的かつそれなりの大きさの艦艇では、ヘリコプターは必須の装備となっている。

　ただ、艦艇で運用するとなると、陸上のように安定している地面と違い、甲板が大きく揺れていることも珍しくない。そこで離発着するための技術など、地上より高度な開発要素が求められる。また、広いとは言えない格納庫に収納できるよう、ローターを折り畳み式にしたり、塩害対策に防錆仕様にしたりと、艦載機ならではの課題も多い。

■6年で運用終了となった最初の艦載ヘリコプター Ka-15

　陸上用ヘリコプターではミルに独占を許してしまったカマフだが、艦載ヘリコプターの分野では逆に独占状態にある。カマフの得意とする二重反転式ローターは、機体をコンパクトにでき、狭い艦艇で運用するには適していたからだ。最初に艦載用として開発されたのは「Ka-15［Ka-15］」だったが、非力なレシプロエンジン機であったことから搭載量が少なく、対潜兵装を充分に積めなかった。しかも信頼性に乏しく事故が多発したために、本格運用開始（1957年）からわずか6年で運用終了となっている。その事故のなかには、二重反転式ローターに起因するものもあったようだ（ローター同士の接触など）。海軍での運用終了ののち、民間で運用された。

■対潜型が活躍 Ka-25

　それでもカマフは二重反転式ローターを捨てず、ガスタービンエンジンの搭載による大出力化を図り、搭載量も充分な対潜ヘリコプターを開発した。これは、プロトタイプの「Ka-20［Ka-20］」を経て、「Ka-25［Ka-25］」として完成した。

　このKa-25で、もっとも重要なサブタイプは対潜型の「Ka-25ПЛ［Ka-25PL］」で、機首の下側が大きく膨らんでいるのが特徴だ。このKa-25PLには「バイカル（Байкал、

Ka-25。機首下部の大きな膨らみには、バイカル捜索・照準複合体を構成するレーダーが搭載されている（写真：多田将）

Ka-27。Ka-25の後継としてアシミノーク捜索・照準複合体を搭載した（写真：多田将）

バイカル湖）」捜索・照準複合体 [※5] が搭載されており、機首下の膨らみには構成
要素の一つであるレーダーのアンテナが収まっている。バイカル複合体はこのほかに、
胴体後部下側に搭載され、水中に降下して使用する水中音響ステイションや、36
個にもおよぶ投擲型水中音響ブイ、潜水艦のスクリュー音を拾う水中無線システム
などから構成されている。水中音響ステイションの代わりに、同じく水中投下式の
磁力計を搭載することもできた。そして、バイカル複合体によって発見した潜水艦
に対しては、対潜魚雷や対潜爆雷で攻撃を行った。対潜爆雷には核弾頭搭載のも
のまであった。

■現在のロシア海軍艦載ヘリコプター Ka-27

　冷戦期、潜水艦の技術は急速に発達し、Ka-25PL搭載のバイカル複合体では能
力的に充分ではなくなったことから、次世代の捜索・照準複合体「アシミノーク（О
сьминог、蛸）」と、それを搭載する新型対潜ヘリコプターが開発された。それが「Ｋ
а-27 [Ka-27]」であり、現在にいたるもロシア海軍の主力艦載ヘリコプターである。
アシミノーク複合体の基本構成はバイカル複合体と同じで、各構成要素がそれぞれ
新型になっている。

　Ka-27のヴァリエイションには、対潜型の「Ка-27ПЛ [Ka-27PL]」、捜索救難型
の「Ка-27ПС [Ka-27PS]」、強襲輸送型の「Ka-29 [Ka-29]」以外に、早期警
戒型の「Ka-31 [Ka-31]」がある。Ka-31は胴体下部に巨大なフェイズド・アレイ・
レーダーを吊り下げており、これを回転させて索敵する。なお、着艦する際には、
このレーダーを折り畳まなければならない。米海軍のような固定翼艦上早期警戒機
を持たないソヴィエト／ロシア海軍の、苦肉の策である。

　Ka-29は揚陸艦に搭載されて両用作戦における兵員輸送を担うが、こうしたソヴ
ィエト／ロシアの汎用輸送艦（西側の強襲揚陸艦に相当）や大型揚陸艦（西側の
戦車揚陸艦に相当）には、Ka-52K攻撃ヘリコプター（Ka-52の艦載型）も搭載さ
れている。Ka-52Kは、メインローターを折り畳み式にするなど改良が施されている
ほか、空対艦ミサイルを運用できることが大きな特徴である。本格的な航空母艦（正
確には航空巡洋艦）を1隻しか持たないロシア海軍ゆえの搭載能力だと言えるだろう。

■陸上基地から運用される海軍ヘリコプター Mi-14

　ソヴィエト連邦では「海軍の航空機」と言っても、艦載だけでなく陸上基地から
運用するものも多い。どの国でも大型の対潜哨戒機は陸上運用だが、戦闘機や攻撃

※5：「複合体（コンプレクス）」とはロシア独特の表現で、複数の機械やシステムから構成される機器・装備をあらわす言葉。

機など米海軍なら航空母艦から運用するだろう航空機や、爆撃機といった普通なら
空軍が運用すべきものまで、一部は海軍の下に置かれていた（第4章参照）。これは
他国とは比べ物にならない長大な海岸線を持つという地理的な条件と、本格的な航
空母艦を持たずに米海軍に対抗しなければならない特殊事情によるものだった。

　ヘリコプターについても「陸上基地から運用する海軍ヘリコプター」なるものが
存在した。それがMi-8を海軍用に改設計した「Ми-14［Mi-14］」で、飛行艇のよ
うに着水できる胴体を備え、また胴体側部にフロートがついていることが特徴である。
このMi-14には、対潜型の「Ми-14ПЛ［Mi-14PL］」、捜索救難型の「Ми-14ПС
［Mi-14PS］」、掃海型の「Ми-14БТ［Mi-14BT］」があった。現在ではMi-14は全て
退役しているが、その後継の役割はKa-27が務めている。

Mi-14。陸上基地から運用され、飛行艇のように着水することができる（写真：多田将）

終章
_____

■設計局と工場
■ロシア連邦軍編制一覧

設計局と工場

■ソヴィエト連邦における産業の仕組み

　西側諸国と異なり、ソヴィエト連邦では設計から試作機の製造までを担当する試作設計局（Опытно-Конструкторское Бюро、ОКБ [*OKB*]）と、製造を担当する工場（завод）が分けられていた。このソヴィエト兵器産業の仕組みについて、詳しい解説は本シリーズ『戦車・装甲車編』の終章をご覧いただきたい。

　以下に、本書で紹介した戦闘車輌や航空機、そして各種ミサイルなどについて、それぞれの設計局と工場をまとめた。なお、本書には未掲載の輸送機等の設計局・工場についても記している。

軍用機の設計局と工場

■設計局

❶第155試作設計局（ОКБ-155）／ミカヤン・グリェヴィチ（MiG-）

　1939年設立。モスクワにある。大祖国戦争期に設計したレシプロ戦闘機は主力になれなかったが、戦後、ジェット戦闘機の設計で花開き、一気に主役に躍り出た。本設計局が設計した航空機は、国内生産45,000機以上、海外ライセンス生産14,000機以上にのぼり、冷戦期に「ミグ」の名はソヴィエト戦闘機の代名詞となった。しかし、冷戦末期からロシア連邦時代にかけてその地位をスホーイに取って代わられた。

　初代設計局長のアルチョム＝イヴァナヴィチ＝ミカヤンと同代理のミハイル＝イオシフォヴィチ＝グリェヴィチの名前を合わせて「МиГ」だが、「и」は英語の「and」に当たる。なお、アルチョムの兄アナスタスは、ソヴィエト連邦最高会議幹部会議長（国家元首）を務めた政治家。

　現在は後述の工場（❽⑪㉓）と統合されて「ロシア航空機製造会社『ミグ』（Российская самолётостроительная корпорация «МиГ»)」となっている。

❷第51試作設計局（ОКБ-51）／スホーイ（Su-）

　1939年設立。モスクワにある。1949年にいったん取り潰しの憂き目に遭い、そ

の後1953年に復活した。冷戦期には、攻撃機と防空軍用の迎撃機の両柱でソヴィエトを支えた。1980年代に開発したSu-27によって一気に主役に躍り出て、今ではロシア戦闘機の代名詞的存在となっている。

初代設計局長はパヴェル＝オシパヴィチ＝スホーイ。現在は後述の工場（⑤⑥⑦）と統合されて「『スホーイ』会社（Компания «Сухой»）」となっている。

❸第115試作設計局（ОКБ-115）／ヤコヴレフ（Yak-）

1934年設立。モスクワにあった。大祖国戦争期の戦闘機開発の主役であったが、ジェット時代に入りその地位をミグに譲った。冷戦期で特に有名なのは垂直離着陸機の開発である。2004年にはイルクート（⑥）に吸収されたが、「A. S. ヤコヴレフ名称試作設計局（Опытно-конструкторское бюро имени А. С. Яковлева）」という社名で子会社として残っている。初代設計局長はアレクサンドゥル＝セルゲエヴィチ＝ヤコヴレフ。

❹第156試作設計局（ОКБ-156）／トゥパレフ（Tu-）

1922年設立。モスクワにある。歴代の主力爆撃機を担当し、ミグがソヴィエト戦闘機の代名詞なら、トゥパレフはソヴィエト爆撃機の代名詞である。初代設計局長はアンドゥレイ＝ニカラエヴィチ＝トゥパレフ。現在は後述の工場（④）と総合されて「トゥパレフ（Туполев）」となっている。

❺第39試作設計局（ОКБ-39）／イリューシン（Il-）

1933年設立。1935年に試作設計局となった。モスクワの第240工場跡地にある。大祖国戦争期には、人類史上最も多く製造された軍用機であるIl-2攻撃機を開発し、戦後も軽爆撃機の傑作Il-28を開発したが、その後はソヴィエトを代表する輸送機の設計局となった。初代設計局長はセルゲイ＝ヴラディミラヴィチ＝イリューシン。現在の名称は「S. V. イリューシン名称航空複合施設（Авиационный комплекс имени С. В. Ильюшина）」。

❻第301試作設計局（ОКБ-301）／ラヴァチュキン（La-）

1937年設立。モスクワの北隣のヒムキにある。大祖国戦争期にはヤコヴレフと並ぶ主力戦闘機の設計局だったが、1960年代から宇宙開発に転じ、人工衛星や宇宙船の開発の第一人者となった。名を冠したシミョン＝アレクセエヴィチ＝ラヴァチ

ュキンは、初代設計局長ではなく、4代目の設計局長（設計者としては、最初から
いた）。

　現在の名称は「S. A. ラヴァチュキン名称科学生産合同（Научно-производств
енное объединение имени С. А. Лавочкина）」。本書に登場する兵器では、
防空システムS-25の迎撃体も設計した。

❼第23試作設計局（ОКБ-23）／ミャシシチェフ（M-）

　1951年設立。モスクワ南東のジュコフスキイにある。初代設計局長のヴラディ
ーミル＝ミハイラヴィチ＝ミャシシチェフは、最初、第482試作設計局を任されるが、
すぐに解散し、大学で教鞭を執っていた。大祖国戦争後、スターリン直々に大陸間
爆撃機を開発するために第23試作設計局の設立を命じられた。そこで戦略爆撃機
M-4 [※1] を開発した後、フルシチョフ政権の方針で大陸間爆撃機の開発が中止され、
ロケット開発を担当する第52試作設計局に吸収された。1966年に航空宇宙技術
の開発や実験を担当する「V. M. ミヤシシチェフ名称実験機械製造工場（Экспери
ментальный машиностроительный завод имени В. М. Мясищева）」とし
て復活した。

❽第938試作設計局（ОКБ-938）／カマフ（Ka-）

　1948年設立。モスクワとその東南東隣のリュベルツイとの境界にある。二重反
転式ローターのヘリコプターで名高く、艦載ヘリコプターを独占してきたが、Ka-50
／-52の開発で陸軍用攻撃ヘリコプターも手掛けるようになった。初代設計局長は
ニカライ＝イリイチ＝カマフ。2020年に後述のミルと統合され、「M. L. ミル／N. I.
カマフ名称国立ヘリコプター工学センター（Национальный центр вертолётост
роения имени М. Л. Миля и Н. И. Камова）」となった。

❾第329試作設計局（ОКБ-329）／ミル（Mi-）

　1947年設立。モスクワの南東隣のトミリノにある。製造工場も備えており、
1951年からは第329工場、1967年からはモスクワヘリコプター工場と呼ばれた。
ソヴィエトヘリコプターの代名詞で、前述のKa-50登場前までは陸上ヘリコプター
を独占した。人類史上最大のヘリコプターであるMi-26も開発した。初代設計局長
はミハイル＝レオンティエヴィチ＝ミル。

※1：M-4は、Tu-95とほぼ同時期に開発された戦略爆撃機。しかし、爆撃機としての性能が充分でなかったことから
　　輸送機などに転用された。

⑩第153試作設計局（ОКБ-153）／アントナフ（An-）

　1946年設立。最初、ノヴォシビルスク航空工場（後述⑤）の中の設計局であったが、1952にウクライナの首都キエフに移転し、独立した。ソヴィエト時代にはイリューシンと並ぶ輸送機の設計局であり、人類史上最大の航空機An-225も開発したが、ソヴィエト崩壊後は仕事が激減し経営難に陥った。後述の工場（⑰⑱）を統合した後、現在はウクライナ国営の「ウクライナ航空機製造会社（Украинская авиастроительная компания）」となっている。初代設計局長はアリェク＝コンスタンティノヴィチ＝アントナフ。

⑪第49試作設計局（ОКБ-49）／ビェリィエフ（Be-）

　1934年設立。創業時から水上機の設計を続けてきた設計局で、現在も飛行艇の設計局として名高い。そのため、試験のしやすいアゾフ海沿岸のタガンロクにある。また、航空機を特殊仕様に改装することも手掛けており、たとえば、Il-76を早期警戒管制機A-50に改装したり、Tu-95を、戦略潜水艦に発射指令を伝える超長波を発信するTu-142MRに改装したりしている。初代設計局長はギェオルギイ＝ミハイラヴィチ＝ビェリィエフ。現在の名称は「G. M. ビェリィエフ名称タガンロク航空科学技術複合体（Таганрогский авиационный научно-технический комплекс имени Г. М. Бериева）」。

■工場

①Завод № 1／プログレス

　1894年創業。最初はモスクワで自転車の製造を始め、その後航空機なども製造するようになり、1919年に第1航空工場と名付けられた。1941年にクイビシェフ（現：サマラ）に疎開し、そこにあった第122工場と合併し（名前は第1工場のほうを取った）、現在までそこにある。大祖国戦争期には戦闘機と攻撃機の製造を担当したが、弾道弾開発が始まってからはそちらの製造も担当した。初期の大陸間弾道弾（R-7／R-9）はここで製造された。1960年代からは宇宙開発用ロケット製造の専業となっているが、そうなる前に製造した航空機の数は42,000機以上にもなる。現在の名称は「ロケット宇宙センター『プログレス』（Ракетно-космический центр «Прогресс»）」。
【製造軍用機】 MiG-3／MiG-9／MiG-15／MiG-17／Il-2／Il-10／Il-28／Tu-16

②Завод № 18 ／アヴィアコル

　1941年創業。サマラにある。1941年にヴァロニェシュの第18工場が疎開して来たことがこの工場の始まりで、大祖国戦争後に同工場がヴァロニェシュに帰還した後も、第18工場の名前はこのサマラの工場が引き継いだ。プロペラ爆撃機の製造で名高い。現在の名称は「サマラ航空工場アヴィアコル（Авиакор - Самарский авиационный завод）」。

【製造軍用機】 Il-2／Tu-4／Tu-95／Tu-142

③Завод № 18 → Завод № 64 ／ヴァロニェシュ航空工場

　1932年創業。1941年にサマラに疎開し、大祖国戦争後にヴァロニェシュに帰還したとき、第64工場と命名された。軍用機以外では、Il-86／-96といった旅客機や、Tu-144超音速旅客機も製造した。現在の名称は「ヴァロニェシュ航空機製造株式会社（Воронежское акционерное самолётостроительное общество）」。

【製造軍用機】 Il-2／Il-10／Il-28／Tu-16／Tu-128／An-12

④Завод № 124 → Завод № 22 ／カザン航空工場

　1932年創業。元々は第124工場だったが、1941年にモスクワから疎開して来た第22工場と合併してそちらの名前となった。爆撃機工場として名高く、大型のジェット爆撃機は全てここが担当している。現在の名称は「S. P. ゴルブノフ名称カザン航空工場（Казанский авиационный завод имени С. П. Горбунова）」で、前述の通りトゥパレフ設計局（❹）と合併した。

【製造軍用機】 Tu-4／Tu-16／Tu-22／Tu-22M／Tu-160

⑤Завод № 153 ／ノヴォシビルスク航空工場

　1936年創業。大祖国戦争期には、主力戦闘機であるYak-3／-7／-9を製造し、すべてのヤコヴレフ戦闘機の1/3を製造した。最盛期には日産33機を達成した。ジェット時代に入り、ヤコヴレフだけでなくミグやスホーイなどの多くの戦闘機／攻撃機を製造した。変わったものでは、話題の無人攻撃機S-70オホートニクも製造している。現在の名称は「V. P. チュカロフ名称ノヴォシビルスク航空工場（Новосибирский авиационный завод имени В. П. Чкалова）」で、スホーイ（❷）の子会社となっている。

【製造軍用機】 MiG-15／MiG -17／MiG -19／Su-9／Su-11／Su-15／Su-24／Su-34／Yak-28P

⑥Завод № 125 → Завод № 39 ／イルクーツク航空工場

　1934年創業。元々は第125工場だったが、1941年にモスクワから疎開して来た第39工場と合併してそちらの名前となった。現在は他の航空機部品工場と統合して出来た「『イルクート』会社（Корпорация «Иркут»）」の中心であり、スホーイ（❷）の子会社となっている。

【製造軍用機】Tu-2／Tu-14／Il-4／Il-6／Il-28／Yak-28／MiG-23／MiG-27／
　　　　　　　Su-27／Su-30／Yak-130／An-12／An-24／Be-200

⑦Завод № 126 ／カムサモリスキイ・ナ・アムーリェ航空工場

　1934年創業。極東の僻地にありながら、スホーイの最新の戦闘機、つまりロシア最新の戦闘機はここでつくられている。現在の名称は「Yu. A. ガガーリン名称カムサモリスキイ・ナ・アムーリェ航空工場（Комсомольский-на-Амуре авиационный завод имени Ю. А. Гагарина)」で、スホーイ（❷）の子会社となっている。

【製造軍用機】Il-4／MiG-15／MiG-17／Su-7／Su-17／Su-27／Su-30／
　　　　　　　Su-33／Su-35／Su-57

⑧Завод № 21 ／ソコル

　1932年創業。ニジュニイ・ノヴガラトにある。最初はラヴァチュキンの戦闘機を製造していたが、1949年からミグの戦闘機を製造し、その中心工場となった。現在の名称は「航空製造工場『ソコル』（Авиастроительный завод «Сокол»)」。前述の通り現在はミグ（❶）と統合されている。

【製造軍用機】LaGG-3／La-5／La-7／La-11／La-15／MiG-15／MiG-17／
　　　　　　　MiG-19／MiG-21／MiG-25／MiG-29／MiG-31／MiG-35／
　　　　　　　Yak-130

⑨Завод № 292 ／サラトフ航空工場

　1931創業。最初は農業機械を製造しており、1937年から航空機の製造を始めた。航空機以外に、S-75防空システムの迎撃体も製造した。その他、民間機や航空機以外の民需製品も多数製造したが、2012年に倒産した。

【製造軍用機】Yak-1／Yak-3／Yak-11／Yak-25／Yak-27／Yak-36／Yak-38
　　　　　　　／La-15／MiG-15

⑩Завод № 31／トゥビリシ航空工場

1934年創業。グルジアのトゥビリシにある。元々タガンロクにあったが、疎開して来た。多数の軍用機を製造したほか、空対空ロケットR-60／R-73を製造した。現在は航空機の近代化を手掛けている。

【製造軍用機】LaGG-3／Yak-3／Yak-15／Yak-17／Yak-23／MiG-15／
　　　　　　　MiG-17／MiG-21／Su-25

⑪Завод № 30／モスクワ機械製造工場

1909年創業。モスクワにある。第1工場（①）がモスクワにあったときに独立して第30工場となった。また、大祖国戦争期にレニングラードからニジュニイ・タギルに疎開した第381工場がレニングラードではなくモスクワに再移転し、1950年に第30工場に吸収合併された。現在の名称は「P. V. デェミェンティエフ名称モスクワ航空機生産合同（Московское авиационное производственное объединение имени П. В. Дементьева）」。前述の通り現在はミグ（❶）と統合されている。

【製造軍用機】Il-28／MiG-21／MiG-23／MiG-27／MiG-29／Su-9
【製造軍用機（第381工場）】Il-2／Il-28／MiG-15

⑫Завод № 166／パリェト

1941年創業。オムスクにある。軍用機以外に、ソヴィエト初のジェット旅客機であるTu-104も製造した。現在の名称は「生産合同パリェト（Производственное объединение «Полёт»)」。

【製造軍用機】Yak-9／Tu-2／Il-28

⑬Завод № 99／ウラン・ウデ航空工場

1937年創業。ウラン・ウデにある。固定翼機とヘリコプターの両方を多数製造した。

【製造軍用機】La-5／La-7／La-9／MiG-15／MiG-27／Su-25／Su-39／
　　　　　　　Ka-15／Ka-18／Ka-25／Mi-8／Mi-17

⑭Завод № 86／タガンロク航空工場

大祖国戦争期に第31工場（⑩）がトゥビリシへと疎開した後、戦後の1946年に元第31工場跡地に第86工場として再建された。2011年に、ビェリィエフ設計

局（❶）に吸収合併された。

【製造軍用機】Tu-95

⑮Завод № 387／カザンヘリコプター工場

　1940年創業。レニングラード（ペテルブルク）にて設立されたが、すぐにカザン
に疎開し、以降、同地で操業している。1951年にソヴィエト初の生産型ヘリコプ
ターMi-1の製造を開始し、以来、12,000機以上のヘリコプターを製造し、ソヴィ
エトを代表するヘリコプター工場となった。

【製造軍用機】Mi-1／Mi-4／Mi-8／Mi-14／Mi-17

⑯Завод № 116／プログレス

　1936年創業。極東のアルセニエフにある。①と同名だが別の会社。ヘリコプタ
ーのほか、P-15／P-20／P-270といった有翼ロケット（巡航ミサイル）も製造した。
現在の名称は「N. I. サジキン名称アルセニエフ航空会社『プログレス』（Арсенье
вская Авиационная Компания «ПРОГРЕСС» имени Н. И. Сазыкина）」。

【製造軍用機】Mi-24／Ka-50／Ka-52／Ka-62

⑰Завод № 12 → Завод № 43 → Завод № 473／キエフ航空機工場

　1920年創業。ウクライナの首都キエフにある。元々第12工場であったが、
1931年に第43工場、1944年に第473工場に改名した。場所柄、アントナフの設
計した輸送機を多く製造した。後にアントナフ設計局（❶）と統合され設立された
アントナフ社の工場となった。現在はウクライナの国営企業。

**【製造軍用機】Yak-3／Yak-9／An-2／An-12／An-26／An-32／An-72／
　　　　　　　An-74／An-124／An-225**

⑱Завод № 135／ハリコフ航空機工場

　1926年創業。ウクライナのハリコフにある。ソヴィエト時代はさまざまな設計局
の航空機や、Kh-55などの航空機搭載ミサイルなど、多岐にわたって製造していたが、
ソヴィエト崩壊後はアントナフの航空機を製造した。現在はウクライナの国営企業
であり名称は「ハリコフ国立生産企業（Харьковское государственное авиац
ионное производственное предприятие）」。⑰とともにアントナフ（❶）に統
合されている。

【製造軍用機】Su-1／Su-2／Su-3／Yak-7／Yak-9／Yak-18／MiG-15／
Tu-104／Tu-124／Tu-134／An-72／An-74／An-140

⑲Завод № 84／タシュケント機械工場

1932年創業。元はモスクワの北隣のヒムキにあったが、1941年にウズベキスタンのタシュケントに疎開し、以来、同地で輸送機を中心に航空機の製造を行っていた。2012年に航空機製造を止め、鉄道車輌や家庭用品などを製造する工場となった。航空機製造を行っていたときの名称は「V. P. チュカロフ名称タシュケント航空生産合同（Ташкентское авиационное производственное объединение имени В. П. Чкалова）」。

【製造軍用機】An-8／An-12／An-22／Il-76

⑳Завод № 168／ラストフヘリコプター

1939年創業。ラストフ・ナ・ダヌにある。ヘリコプターの製造を主とした。現在の正式名称は「ラストフヘリコプター生産複合体『公共株式会社"ラストゥヴェルトル"』（Ростовский вертолётный производственный комплекс «Публичное акционерное общество „Роствертол"»）」。

【製造軍用機】Mi-6／Mi-10／Mi-24／Mi-26／Mi-28／Mi-35

㉑クメルタウ航空機生産会社

1962年創業。カマフの艦載ヘリコプターを製造した。

【製造軍用機】Ka-27／Ka-29／Ka-31

㉒アヴィアスターSP

1998年創業の新しい会社。ウリヤノフスクにある。輸送機の製造のほか、「外国製品」となったAn-124の整備も手掛ける。

【製造軍用機】Il-76／Il-78

㉓ルハヴィツイ航空工場

1962年創業。正式名称は「P. A. ヴァロニン名称ルハヴィツイ航空工場（Луховицкий авиастроительный завод имени П. A. Воронина）」で、現在はミグ（❶）と統合されている。

【製造軍用機】MiG-21／MiG-23／MiG-29／Il-114

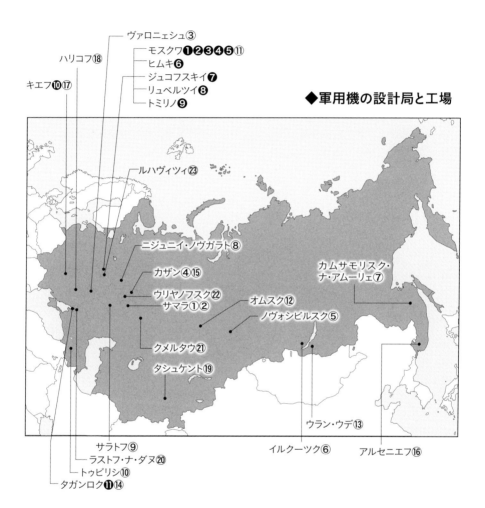

ヴァロニェシュ③
モスクワ❶❷❸❹❺⑪
ハリコフ⑱
ヒムキ❻
ジュコフスキイ❼
キエフ⑩⑰
リュベルツイ❽
トミリノ❾

◆軍用機の設計局と工場

ルハヴィツィ㉓

ニジュニイ・ノヴガラト⑧

カザン④⑮
カムサモリスク・
ナ・アムーリェ⑦

ウリヤノフスク㉒
サマラ①②
オムスク⑫
ノヴォシビルスク⑤

クメルタウ㉑

タシュケント⑲

ウラン・ウデ⑬

サラトフ⑨
イルクーツク⑥
アルセニエフ⑯
ラストフ・ナ・ダヌ⑳
トゥビリシ⑩
タガンロク⑪⑭

航空機搭載兵装／防空システム／迎撃体の設計局

■設計局

❶第1設計局（КБ-1）／アルマーズ

1947年設立。モスクワにある。長距離防空システムのほぼ全てを手掛けた。現在の名称は「アカデミー会員A. A. ラスプリェティン名称生産合同『アルマーズ』（Научно-производственное объединение «Алмаз»имени академика А. А. Расплетина)」だが、防空システム関連会社を統合した巨大企業グループ「アルマーズ・アンテイ（Алмаз-Антей)」の中心となっている。

【開発兵器】S-25／S-75／S-125／S-200／S-300P／S-350／S-400／S-500（本書掲載兵器のみ。以下同）

❷第2試作設計局（ОКБ-2）／ファケル

1953年設立。モスクワの北隣のヒムキにある。弾道弾防御システム、長距離防空システム、短距離防空システムの迎撃体、初期の空対空ミサイルなどを開発した。現在の名称は「アカデミー会員P. D. グルシン名称機械工学設計局『ファケル』（Машиностроительное конструкторское бюро «Факел» имени академика П. Д. Грушина)」で、「アルマーズ・アンテイ」の一部。

【開発兵器】A-35／A-35M／A-135／S-75／S-125／S-200／S-300P／
S-400／9K33／9K330の迎撃体
および RS-1U／RS-2U

❸第30特別設計局（СКБ-30）／ヴィンペル

1955年に、弾道弾防御システムを開発するために、アルマーズの一部を独立させて設立された。1961年に試作設計局（ОКБ-30）となる。モスクワの北西部にある。弾道弾防御システムと早期警戒システムを一手に引き受けている。現在の名称は「国家間株式会社『ヴィンペル』（Межгосударственная акционерная корпорация «Вымпел»)」で、「アルマーズ・アンテイ」の一部。

【開発兵器】A／A-35／A-35M／A-135／A-235

❹第4試作設計局（ОКБ-4）／モルニヤ

　1954年設立。モスクワにある。1976年に宇宙往還機「ブラン」を開発するための組織「科学生産合同『モルニヤ』（Научно-производственное объединение «Молния»)」へと改組された折り、R-73とKh-29を開発していたグループはヴィンペル（❺）へと移籍した。

【開発兵器】R-8／R-98／R-40／R-73／Kh-29

❺第134試作設計局（ОКБ-134）／ヴィンペル

　1949年に、第293工場[※1]から独立する形で設立された。❸と同名な上、モスクワの北西部の❸のすぐ近くにあるという紛らわしいことこの上ないが、別の会社である。空対空ミサイルの大部分を開発した。現在の名称は「I. I. トラポフ名称国立機械工学設計局『ヴィンペル』（Государственное машиностроительное конструкторское бюро «Вымпел» имени И. И. Торопова)」で、「戦術ロケット兵器（❻)」の一部。

【開発兵器】R-13／R-60／R-23／R-24／R-27／R-33／R-37／R-73／R-77
　　　　　　／Kh-29
　　　　　　および 2K12の迎撃体

❻第455試作設計局（ОКБ-455）／ズヴェズダ

　モスクワ郊外の街カリーニングラード（現在の名前はコロリョフ）の第455工場の設計局として1966年設立された。空対地ミサイルの開発で名高い。「試作設計局『ズヴェズダ』（Опытное конструкторское бюро «Звезда»)」となった後、ロシア連邦時代に上記の第455工場と統合され、その後、航空機用ロケット関連会社を統合した企業「戦術ロケット兵器（Тактическое ракетное вооружение)」の中核となった。

【開発兵器】R-55／Kh-66／Kh-23／Kh-25／Kh-27／Kh-31／Kh-35／Kh-38

❼第155-1試作設計局（ОКБ-155-1）／ラドゥガ

　元々はミグ設計局の一部門で、1966年に独立した。モスクワ州の北端のドゥブナにある。ズヴェズダと並ぶ空対地ミサイルの開発者である。現在の名称は「A. Ya. ビェリェズニャク名称国立機械製造設計局『ラドゥガ』（Государственное машиностроительное конструкторское бюро «Радуга» имен А. Я. Березняк

※1：第293工場は、もともと航空写真の機械を製造する工場で、その後に実験航空機を製造する工場となった。
　　生産型の航空機は製造していないため、本稿では言及していない。

a)」で、「戦術ロケット兵器（❻）」の一部。

【開発兵器】 Kh-15／Kh-20／Kh-22／Kh-28／Kh-32／Kh-41／Kh-58／
Kh-59／Kh-55／Kh-555／Kh-101／Kh-102／KS-1／KSR-2／
KSR-5／KSR-11／K-10

❽第8試作設計局（ОКБ-8）／ノヴァトル

　1947年設立。エカテリンブルク [※2] にある。対空砲の開発から始めて、1957年から防空システムの迎撃体の開発を手掛けた。それ以外では艦対地巡航ミサイルを独占的に手掛け、カリブルもここが開発した。現在の名称は「L. V. リュリエフ名称試作設計局『ノヴァトル』（Опытное конструкторское бюро «Новатор» имени Люльева Л. В.)」で、「アルマーズ・アンテイ」の一部。

【開発兵器】 KS-172
および 2K11／9K37／9K317／S-300V／A-135の迎撃体

❾第14中央設計局（ЦКБ-14）

　1927年設立。トゥーラにある。拳銃などの小型火器や機関砲などを開発していた。対空システムでは、対空機関砲／短距離ロケットシステムを開発した。現在の名称は「計装設計局（Конструкторское бюро приборостроения）」。

【開発兵器】 ZSU-23-4／2K22／96K6

❿第15試作設計局（ОКБ-15）

　1955年設立。モスクワの南東、ジュコフスキイにある。戦闘機の火器管制システムや、中距離防空システムを開発した。現在の名称は「V. V. ティハミラフ名称計装科学研究所（Научно-исследовательский институт приборостроения имени В. В. Тихомирова）」。

【開発兵器】 2K12／9K37／9K317

⓫第16試作設計局（ОКБ-16）

　1934年設立。モスクワにある。航空機用機関砲の開発を行っていたが、短射程の防空システムも開発した。現在の名称は「A. E. ヌデリマン名称精密機械工学設計局（Конструкторское бюро точного машиностроения им. А. Э. Нудельмана）」。

※2：より正確な発音は「ィエカティエリンブルク」

【開発兵器】9K31／9K35のシステム全体と迎撃体

⑫第20中央設計局（ЦКБ-20）

1942年設立。モスクワにある。現在の名称は「電気機械科学研究所（Научно-исследовательский электромеханический институт）」で、「アルマーズ・アンテイ」の一部。

【開発兵器】2K11／9K33／9K330／S-300V

◆航空機用ミサイル／防空システムの設計局

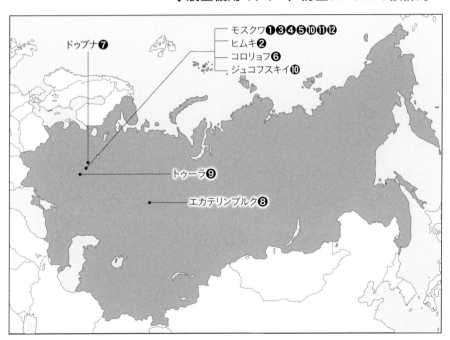

ロシア連邦軍編制一覧

■軍管区ごとの隷下部隊

　ここでは、2022年2月時点（ウクライナ戦争開戦時）における航空宇宙軍について、連隊以上の戦闘部隊を、運用している兵器とあわせて軍管区ごとにまとめてその編成を示す。軍管区についての解説は、本シリーズの『戦車・装甲車編』をご覧いただきたい（同書には陸軍、空挺軍、海軍沿岸軍の編制を掲載している）。なお、海軍の編制については拙著『ソヴィエト連邦の超兵器　戦略兵器編』をご覧いただきたい。

西部軍管区　　　　　　　　　　　　　　（司令部：ペテルブルク）

◆航空宇宙軍

第1特別任務対空対ロケット防衛軍（バラシハ）

　第4対空防衛師団（ドルガプルドゥヌイ）

　　第93親衛対空ロケット連隊（フニコーヴァ）S-400、96K6

　　第210対空ロケット連隊（ドゥブロフカ）S-400、96K6

　　第584親衛対空ロケット連隊（マリナ）S-400、96K6

　　第612親衛対空ロケット連隊（グラガレヴァ）S-300PM

　第5対空防衛師団（ペトゥロフスカィエ）

　　第549対空ロケット連隊（クリラヴァ）S-400、96K6

　　第606親衛対空ロケット連隊（エレクトゥラスタリ）S-400、96K6

　　第614親衛対空ロケット連隊（ピェストーヴァ）S-300PM

　　第629親衛対空ロケット連隊（カブルコーヴァ）S-300PM

　第9対ロケット防衛師団（サフリナ）

　　第102対ロケットセンター（ジュクリナ）A-135〈51T6〉

　　第15対ロケット複合施設（ヴヌコーヴァ）A-135〈53T6〉

　　第16対ロケット複合施設（ラズヴィルカ）A-135〈53T6〉

　　第49対ロケット複合施設（サフリナ）A-135〈53T6〉

　　第50対ロケット複合施設（アボルディナ）A-135〈53T6〉

　　第89対ロケット複合施設（カロスタヴァ）A-135〈53T6〉

写真：Ministry of Defence of the Russian Federation

　　　第482独立無線技術ユニット（サフリナ）A-135〈ドン-2N〉

　　　第572独立無線技術ユニット（チェルニェツカエ）A-135〈ドゥナイ-3U〉

第6航空防空軍（ペテルブルク）

　　第105親衛混成航空師団（ヴァロニェシュ）

　　　第14親衛戦闘航空連隊（ハリナ）Su-30

　　　第47独立混成航空連隊（ヴァロニェシュ）Su-34

　　　第159戦闘航空連隊（ピトゥラザヴォーツク）Su-27、Su-35

　　　第790戦闘航空連隊（ハティロヴァ）MiG-31、Su-27、Su-35

　　第2対空防衛師団（フヴォイヌイ）

　　　第500親衛対空ロケット連隊（ガスティリツイ）S-300PM、S-400、96K6

　　　第1488対空ロケット連隊（ゼレノゴルスク）S-300PS、S-400、96K6

　　　第1489親衛対空ロケット連隊（ヴァラノヴァ）S-400、96K6

　　　第1490親衛対空ロケット連隊（ウリヤノフカ）S-400、96K6

　　　第1544対空ロケット連隊（ヴラディミルスキイ）S-400、96K6、9K37

　　第32対空防衛師団（ルジェフ）

　　　第42親衛対空ロケット連隊（イジツイ）S-300PM

第108対空ロケット連隊（シロヴォ）S-300PS

第33独立混成航空連隊（ペテルブルク）

　　An-12、An-26、An-30、An-72、An-148、Tu-134、Mi-8、Mi-26、L-410

第332独立親衛ヘリコプター連隊（プーシュキン）Mi-8、Mi-28、Mi-35

第440独立ヘリコプター連隊（ヴァジマ）Mi-8、Mi-24、Ka-52

第15陸軍航空旅団（ヴェリェティエ）Mi-8、Mi-26、Mi-28、Mi-35、Ka-52

第15特別任務航空宇宙軍（クラスノズナミェンスク）

第153宇宙試験管理メイン試験センター（クラスノズナミェンスク）

第820ロケット攻撃警告メインセンター（ソルニェチュナガルスク-7）

第821宇宙状況偵察メインセンター（ナギンスク-9）

軍管区直轄

第22重爆撃航空師団（エンゲリス）

第52親衛重爆撃航空連隊（シャイカフカ）Tu-22M3

第121親衛重爆撃航空連隊（エンゲリス）Tu-160

第184重爆撃航空連隊（エンゲリス）Tu-95MS

第40混成航空連隊（ヴイソキイ）An-12、Mi-8、Mi-26

第12軍事輸送航空師団（トゥヴェリ）

第81軍事輸送航空連隊（イヴァナヴァ）An-2、Il-76

第196親衛軍事輸送航空連隊（トゥヴェリ）Il-76

第566軍事輸送航空連隊（セシャ）An-124、Il-76

第334軍事輸送航空連隊（プスコフ）Il-76、Il-114

第203独立親衛空中給油連隊（リャザニ）Il-78、Mi-26

◆海軍航空隊

第34混成航空師団（チェルニホフスク）

第4親衛海洋強襲航空連隊（チェルニホフスク）Su-24、Su-30

第689親衛戦闘航空連隊（チュカロフスク）Su-27

第？独立混成ヘリコプター連隊（ドンスコィエ）Mi-8、Mi-24、Ka-27

南部軍管区　　　　　　　（司令部：ロストフ・ナ・ドヌー[※1]）

◆航空宇宙軍

第4航空防空軍（ロストフ・ナ・ドヌー）

第1親衛混成航空師団（クリムスク）

第3親衛戦闘航空連隊（クリムスク）Su-27、Su-30

第31親衛戦闘航空連隊（ミッレラヴォ）MiG-29、Su-30

第368強襲航空連隊（ブデョンノフスク）Su-25

第559爆撃航空連隊（マロゾヴスク）Su-34

第4混成航空師団（マリノフカ）

第11独立親衛混成航空連隊（マリノフカ）Su-24

第960強襲航空連隊（プリモルスコ・アフタルスク）Su-25

第27混成航空師団（ビエルビエク）

第37混成航空連隊（グヴァルディエイスコエ）Su-24、Su-25

第38戦闘航空連隊（ビエルビエク）Su-27、Su-30

第39ヘリコプター連隊（ジャンコイ）Mi-28、Mi-35、Ka-52

第31対空防衛師団（セヴァストポリ）

第12対空ロケット連隊（セヴァストポリ）S-400、96K6

第18親衛対空ロケット連隊（フェオドシヤ）S-400、96K6、S-300PM

第51対空防衛師団（ノヴォチェルカッスク）

第1536対空ロケット連隊（ノヴォチェルカッスク）S-300PM

第1537対空ロケット連隊（ノヴォロシスク）S-400、96K6

第1721対空ロケット連隊（ソチ）9K37

第30独立輸送混成航空連隊（ロストフ・ナ・ドヌー）

An-12、An-26、An-148、Il-20、Mi-24、Mi-26

第55独立親衛ヘリコプター連隊（コリエノフスク）

Mi-8、Mi-28、Mi-35、Ka-52

第487独立ヘリコプター連隊（ブデョンノフスク）

Mi-8、Mi-28、Mi-35、UAV

第3624航空基地（ィエレバン、アルメニア）MiG-29、Mi-8、Mi-24

第3661航空基地（マズドク、北オセチア）

第16親衛陸軍航空旅団（ゼルナグラートゥ）Mi-8、Mi-28

※1：より正確な発音は「ラストフ・ナ・ダヌー」

◆海軍航空隊

黒海艦隊航空軍

第43独立海軍突撃航空連隊（サキ）Su-24、Su-30

第318独立混成航空連隊（カチャ）Tu-134、An-26、Be-12、Ka-27

中央軍管区　　　　　　　　（司令部：エカテリンブルク[※2]）

◆航空宇宙軍

第14航空防空軍（エカテリンブルク）

第21混成航空師団（シャガル）

第2親衛混成航空連隊（シャガル）Su-24、Su-34

第712親衛戦闘航空連隊（カンスク）MiG-31

第764戦闘航空連隊（ピェルミ）MiG-31

第41対空防衛師団（ノヴォシビルスク）

第24対空ロケット旅団（アバカン）S-300PS

第388親衛対空ロケット連隊（アチンスク）S-300PS

第590対空ロケット連隊（ノヴォシビルスク）S-400、96K6

第1534対空ロケット連隊（アンガルスク）S-300PM

第76対空防衛師団（サマラ）

第185親衛対空ロケット連隊（ベレゾフスキイ）S-400、96K6

第511親衛対空ロケット連隊（エンゲリス）S-400、96K6

第568対空ロケット連隊（サマラ）S-400、96K6

第32独立混成輸送連隊（エカテリンブルク）

An-12、An-26、An-148、Mi-8、Tu-134、Tu-154、L-410

第337独立ヘリコプター連隊（ノヴォシビルスク）Mi-8、Mi-24

第999航空基地（カント、キルギス共和国）Su-25、Mi-8

第17陸軍航空旅団（カメンスク・ウラリスキイ）Mi-8、Mi-24、Mi-26

軍管区直轄

第18親衛軍事輸送航空師団（オレンブルク [※3]）

第117軍事輸送航空連隊（オレンブルク）An-12、Il-76

第235軍事輸送航空連隊（ウリヤノフスク）Il-76

第708軍事輸送航空連隊（タガンロク）Il-76

※2：より正確な発音は「ィエカティエリンブルク」
※3：より正確な発音は「アリェンブルク」

東部軍管区　　　　　　　　　（司令部：ハバロフスク[※4]）

◆航空宇宙軍

第11航空防空軍（ハバロフスク）

第25対空防衛師団（コムソモリスク・ナ・アムーレ [※5]）

第1529親衛対空ロケット連隊（ハバロフスク）S-300PS

第1530対空ロケット連隊（バリシャヤ・カルティエリ）S-400、96K6

第1724対空ロケット連隊（ビラビジャン）S-400、96K6

第26親衛対空防衛師団（チタ）

第1723対空ロケット連隊（カシュタク）S-300PS

第93対空防衛師団（ヴラディヴァストク）

第589対空ロケット連隊（ゾロタヤ・ダリナ）S-400、96K6

第1533親衛対空ロケット連隊（ナホトゥカ）S-400、96K6

第303混成航空師団（フルバ）

第18親衛強襲航空連隊（チェルニゴフカ）Su-25

第22親衛戦闘航空連隊（ツェントゥラリナヤ・ウグラヴァヤ）

MiG-31、Su-27、Su-30、Su-35

第23戦闘航空連隊（ジョムギ）Su-30、Su-35

第277爆撃航空連隊（フルバ）Su-34

第120独立親衛戦闘航空連隊（ドムナ）Su-30

第266独立強襲航空連隊（スティエピ）Su-25

第35独立混成輸送航空連隊（バリショイ）

An-12、An-26、Il-20、Tu-134、Tu-154

第112独立ヘリコプター連隊（チタ）Mi-8、Mi-24

第319独立ヘリコプター連隊（チェルニゴフカ）Mi-8、Ka-52

第18陸軍航空旅団（バリショイ）Mi-8、Mi-26、Ka-52

軍管区直轄

第326重爆撃航空師団（ウクラインカ）

第79重爆撃航空連隊（ウクラインカ）Tu-95MS

第182親衛重爆撃航空連隊（ウクラインカ）Tu-95MS

第200親衛重爆撃航空連隊（ビェラヤ）Tu-22M3

※4：より正確な発音は「ハバラフスク」
※5：より正確な発音は「カムサモリスク・ナ・アムーリェ」

◆海軍航空隊

太平洋艦隊航空軍

第317独立混成航空連隊（ィエリザヴァ）Il-22、Il-38、UAV

第865独立戦闘航空連隊（ィエリザヴァ）MiG-31

第7062航空基地（ニカラエフカ）

An-12、An-26、Il-22、Il-38、Mi-8、Tu-142、Ka-27

第1532対空ロケット連隊（ペトゥロパヴロフスク・カムチャツキイ）

S-400、96K6

北方艦隊統合戦略コマンド　　（司令部：セヴェラモルスク）

◆海軍航空隊

北方艦隊航空軍

第45航空防空軍（サフォノヴォ）

第1対空防衛師団（セヴェラモルスク）

第531親衛対空ロケット連隊（ポリャールヌイ）S-400、96K6

第583対空ロケット連隊（オレネゴルスク）S-300PM、S-300PS

第1528対空ロケット連隊（セヴェラドゥヴィンスク）S-400、96K6

第3対空防衛師団（ラガチョヴァ）

第33対空ロケット連隊（ラガチョヴァ）S-400、96K6

第414対空ロケット連隊（ティクシ）S-400、96K6

第??対空ロケット連隊（ディクソン）S-400、96K6

第98独立混合航空連隊（マンチェゴルスク）Su-24

第174親衛戦闘航空連隊（マンチェゴルスク）MiG-31

第403独立親衛混成航空連隊（セヴェラモルスク1）

Il-20、Il-22、Il-38、An-12、An-26、Tu-134、Tu-142

第216無人航空連隊（セヴェラモルスク1）UAV

第100独立艦上戦闘航空連隊（セヴェラモルスク3）MiG-29K

第279独立艦上戦闘航空連隊（セヴェラモルスク3）Su-33、Su-30、Su-25

第830独立艦上対潜ヘリコプター連隊（セヴェラモルスク1）

Ka-27、Ka-29、Ka-31

あとがき

　陸上兵器についてまとめた本シリーズ『戦車・装甲車編』に続いて、航空機についてまとめた本書をみなさんにお届けします。ロシアは伝統的に大陸国家であるために、地上戦はその本領で、あの巨大な陸軍も自然に構築されていったと言えるでしょう。それに対して、航空機という新しい兵器が登場し、苛酷な大祖国戦争を戦い抜いた直後に、世界を圧倒する合衆国空軍を相手にしなければならなくなったとき、軍の首脳たちは頭を抱えたのではないかと著者は思います。しかしその困難を乗り越え、合衆国空軍と渡り合える大空軍を建設してのけたのは、本当に偉大な業績だと思います。

　また、若い読者の方々からすれば、ロシアの戦闘機と言えばSu-27系列の流麗な姿をイメージするのでしょうが、著者のような昭和世代からすれば、実用的だが無骨な冷戦期の航空機にこそ「ロシアみ」を感じるものです。そのギャップも、本書で楽しんで頂ければと思います。

　そして、現在進行形のウクライナ戦争で、ウクライナとロシアという、かつてソヴィエト連邦を構成していた国同士が激突し、「生まれが同じ」航空機同士が戦うことになっているのも、運命の悲哀を感じます。それらの兵器が、どのような兵器であり、どのような経緯を辿って開発されてきたのか、本書がそれをみなさんに理解していただける一助となれば幸いです。

　本書を出版するに当たり、編集の綾部剛之さん、イラストのヒライユキオさん、EM-chinさん、サンクマさん、装幀のSTOLさん、本文ディザインの村上千津子さん、そして何よりも本書を手にしてくださった読者のみなさんに、感謝の言葉を述べさせていただきます。

　誠にありがとうございました。

多田 将

■イラストレーター

（　）内の数字は掲載ページを示す。

ヒライユキオ @hiraitweet

── 表紙、技術＆戦術解説（6、8、11、12、13、14、17、19、21、27、72-73、89、91、121）、Su-9/Su-15（30）、MiG-25（32）、MiG-31（35）、Su-27/MiG-29（39）、Yak-28P（44）、Tu-128（45）、MiG-21（52）、Kh-20（115）、Mi-24（129）

EM-chin @QUEADLUUNRAU

── 系譜図（46-47、58-59、70-71、80-81、102-103、112-113、126-127）

サンクマ @sankuma

── S-25/S-75/S-125（65）、S-400（68）、A-135（83）、Su-7/Su-17（95）、Su-24（96）、MiG-23/MiG-27（99）、Su-25（101）、回転式弾薬架（107）、Tu-22/Tu-22M（108）、Tu-160（111）、Ka-50/Ka-52（131-132）

■著者

多田 将（ただ しょう）

京都大学理学研究科博士課程修了、理学博士
高エネルギー加速器研究機構 素粒子原子核研究所 准教授
主な著書に『ソヴィエト超兵器のテクノロジー 戦車・装甲車編』（イカロス出版）、『兵器の科学1 弾道弾』『核兵器』『放射線について考えよう。』（明幸堂）、『ミリタリーテクノロジーの物理学〈核兵器〉』（イースト・プレス）、『ソヴィエト連邦の超兵器 戦略兵器編』（ホビージャパン）、『核兵器入門』（星海社）などがある。

ソヴィエト超兵器のテクノロジー
航空機・防空兵器編

2023年8月10日発行

著	多田 将	発行人	山手章弘
イラスト	ヒライユキオ、EM-chin、サンクマ	発行所	イカロス出版株式会社
企画・構成	綾部剛之		〒101-0051
装丁	STOL		東京都千代田区神田神保町1-105
本文デザイン	イカロス出版デザイン制作室		編集部　mc@ikaros.co.jp
編集	浅井太輔		出版営業部　sales@ikaros.co.jp
		印刷	図書印刷株式会社